中国乡村建设系列丛书

把农村建设得更像农村

月坝村

陈 晓 主编

江苏凤凰科学技术出版社

图书在版编目（CIP）数据

把农村建设得更像农村. 月坝村 / 陈晓主编. —— 南
京：江苏凤凰科学技术出版社，2020.3
（中国乡村建设系列丛书）
ISBN 978-7-5713-0978-7

Ⅰ. ①把… Ⅱ. ①陈… Ⅲ. ①农业建筑－建筑设计－
广元 Ⅳ. ①TU26

中国版本图书馆CIP数据核字(2020)第023483号

中国乡村建设系列丛书
把农村建设得更像农村　月坝村

主　　　编	陈　晓
项 目 策 划	凤凰空间／周明艳
责 任 编 辑	刘屹立　赵　研
特 约 编 辑	周明艳

出 版 发 行	江苏凤凰科学技术出版社
出版社地址	南京市湖南路1号A楼，邮编：210009
出版社网址	http：//www.pspress.cn
总 经 销	天津凤凰空间文化传媒有限公司
总经销网址	http：//www.ifengspace.cn
印　　　刷	北京建宏印刷有限公司

开　　　本	710 mm×1 000mm　1／16
印　　　张	10
版　　　次	2020年3月第1版
印　　　次	2020年3月第1次印刷

标 准 书 号	ISBN 978-7-5713-0978-7
定　　　价	58.00元

图书如有印装质量问题，可随时向销售部调换（电话：022-87893668）。

编委会

主编

陈　晓

编委会成员

李兵弟　孙　君　靳志强　李　宁　王　超　袁　雯

张志峰　冯永智　罗光达　刘艳辉　陈兴席　骆停停

耿　瑜　田红美　付素利　王　新　葛晶磊　王培培

序

中国从农业人口大国转变为现代化的强国，决定了建立新型工农关系、城乡关系和人地关系的重要性，没有农业农村现代化就没有整个国家的现代化，工农关系、城乡关系在一定程度上决定着现代化的成败。中国不会没有农村，中国不能没有农民，中国的城乡将长期共生并存，这是中国新型城镇化和现代化建设的实际情况，也是我们国家未来的基本国情。我党历来重视农业、农村和农民工作。21世纪以来，2004年中央1号文件聚焦社会主义新农村建设，十八大后推进美丽乡村建设，十九大制定乡村振兴战略，全面谋划了新时代中国特色社会主义的乡村发展，提出了实现农业农村现代化总目标，制定了农业农村优先发展总方针，明确了"产业兴旺、生活富裕、生态宜居、治理有效、乡风文明"的20字总要求。中国的乡村不但要农业现代化，也要乡村建设现代化。以生态宜居村庄建设为主体，走农村绿色发展之路，把农村建设得更像农村，与全国人民一起同步实现伟大的中国梦，这需要各级政府的长期努力，需要数亿农民的共同奋斗，需要熟悉农村、热爱农民的乡建人的积极参与。

"农道联众"就是始终活跃在中国农村发展乡村建设第一线的一个志同道合团结战斗的乡建集体，一支不忘初心矢志不渝的设计运营队伍，一个以孙君老师为领军人物、北京市延庆区绿十字生态文化传播中心（以下简称"绿十字"）为软件服务平台的核心团队。他们在20多年的乡村建设中，理念领先、实践最早、产品多元、服务齐全、业绩出色、口碑载道，可谓当代中国乡村建设实践的排头兵与引路者，在大量的实践探索中，形成了我国农村地区"系统乡建"的基本路径与工作方法。

中国城镇化促进会城市与乡村统筹发展专业委员会（农道联众的社会活动平台）把他们艰辛探索的系统乡村建设归纳为"七句诀"，即：一体"化"城乡、二"农"为主、三"建"齐发、四"本"为要、五"全"共识、六"事"同举、七"素"统规。"一体'化'城乡"是乡村建设的目标追求，城乡要共同规划、共同发展、共享成果、共同治理，实现城乡融合；"二'农'为主"是乡村建设的力量依托，强调农民的主体意识和村集体组织与村党支部两委的主体地位，任何脱离农民和村两委的乡村建设都犯了方向性错误；"三'建'齐发"讲的是乡村建设的领域和任务，共同推动农业现代化发展、乡村现代化建设和农村基层政权、党群组织建设，形成乡村建设的合力与共同的任务，引导农村新生活方式，实现乡村社会的现代化治理；"四'本'为要"是指对乡村地区自然的敬畏和对农耕文明的尊重，建设中要尽可能地采用本地工艺、本地工匠、本地材料，保护传统风貌，敬重本地习俗，防止农村建设出现"千村一面"；"五'全'共识"讲的是乡村规划设计要有大局观、全局观，坚持驻村设计、驻村指导，"陪伴式"服务，做到乡村建设各领域覆盖、全要素规划、全过程指导、全部门参与，为城乡全体人民服务；"六'事'同举"是对系统乡村建设全过程的深刻理解，乡村建设应当包括规划、设计、建设、管理、运营、维护六个主要阶段，不但要关注前期的规划建造，更要关注后期的运营与维护，帮助村里建起相应的运营管理机制，让村民培训和乡规民约等软件活动在前期参与推动；"七'素'统规"是对农村地区的山、水、林、田、路、村、房七个要素的系统谋划，坚持科学态度，控制乡村建设中的各个主体要素，不挖山、不填塘，不搞大拆大建，不破坏生态环境与村庄肌理，因地制宜、因材施宜，努力提供科学合理的系统性解决方案。四川省广元市利州区白朝乡是这个团队系统乡建的近期代表作，可为各地政府和设计团队提供新的借鉴。

中国农村工作的复杂性决定了乡村建设工作的艰巨性、长期性和系统性。系统乡建、科学乡建是这支队伍的实践探索，也是我国乡村建设本土经验的科学总结，它充实和丰富了吴良镛先生的人居环境科学思想，填补了我国乡村建设系统理论总结的空白，是对中国乡村建设的重大贡献。《把农村建设得更像农村》这套书籍，忠实地记载了这些乡建人与当地政府和农民在中国乡村振兴道路上的努力探索，记录了设计人员"入乡随俗"的当代乡村建设的"技法与工法"，以及他们融入农村、驻村工作的心路历程。这套集集体智慧结晶编写的书至今已经出版了10册，他们还将持续不断地写下去，写在中国广袤的农村大地，写出我们民族的文化自觉与文化自信，写下各地政府、农民群众和乡建人在乡村振兴过程中的共同努力与新的成绩。

2019 年 6 月

李兵弟：中国城镇化促进会副主席兼城市与乡村统筹发展专业委员会会长，中国城市发展研究院名誉院长，住房和城乡建设部村镇建设司原司长。

目 录

1 初识月坝村   8

  1.1 月坝村概况与发展背景   8
  1.2 脱贫攻坚   12
  1.3 示范意义   17

2 乡村振兴 规划先行   18

  2.1 规划理念   18
  2.2 规划历程   21
  2.3 落地实施   94

3 产业振兴 运营前置   100

  3.1 生态康养旅游产业
      ——挖掘资源：首个省级高山湿地   100
  3.2 三产融合、三效并重   102
  3.3 月坝村 IP 系统打造   106

4 共同富裕 模式创新   110

  4.1 月坝村产权改革   110
  4.2 合作社运营模式
      ——合作社 + 农户 + 企业   111
  4.3 人才培养和引入   118

5 乡村治理 乡风文明 120

5.1 党建 ——统一思想，不忘初心 120

5.2 村建 ——生产发展，村风文明 122

5.3 家建 ——村民自治，家风建设 123

6 月坝村故事 共创辉煌 124

6.1 访谈 124

6.2 设计小记 135

6.3 村民面对面 142

6.4 月坝村，项目落地的三个层次 146

附 录 150

设计团队简介 150

设计师简介 151

"绿十字"简介 152

月坝村景点集 153

致 谢 158

跋 159

1 初识月坝村

1.1 月坝村概况与发展背景

2015 年 10 月，四川省广元市利州区委区政府启动了与中国城镇化促进会及中国城市发展研究院的业务对接，开展月坝旅游新村乡建工作，经过近半年的调研、规划、设计，2016 年 5 月 18 日月坝旅游新村正式开工建设。自此，月坝特色小镇建设大幕开启。月坝特色小镇规划为"一带、三片、六核心"，强化脱贫攻坚、产业发展、项目投资、改革创新等工作，覆盖了白朝、宝轮、赤化 3 个乡镇，辐射带动约 15 万人，其中贫困人口 1046 户 3590 人，涉及道路、产业、民居等 33 个项目。目前，已完成总长 30.4 千米的"宝七路"（宝轮至月坝湿地）、麻柳古长廊、老街公共服务中心等 18 个项目的建设，总投资达到 3.5 亿元。月坝特色小镇核心区位于广元市利州区白朝乡月坝村，包括月坝湿地和

月坝村罗家老街

罗家老街两部分。

月坝村位于白朝乡西北部，距乡政府 10 千米，东接新华村，南挨白家乡，西邻青川建峰乡，北临星明村，辖区面积 23.3 平方千米，辖 5 个村民小组，177 户 592 人。月坝村平均海拔 1000 余米，最高海拔（黄蛟山）1917 米，森林覆盖率达 90% 以上，拥有珍稀名贵树木 100 余种。2017 年，通过易地搬迁，全村搬迁 16 户 61 人，平整宅基地 3200 平方米，新增土地 1650 平方米。依托月坝村丰富的自然资源，由中国城镇化促进会城乡统筹委、中国城市发展研究院规划设计，提出了"游古村、揽月坝、探溶洞、踏青流、享田园"的乡村旅游思路，遵循"景村一体、产村共建、规划合一""独可成景成业、合则更兴更盛"的原则，科学整合自然、人文、农业等资源，着力构建乡村风光游览、农业景观猎奇、民俗风情体验、乡村主题餐饮、健康养肺运动休闲、田园休闲度假和土特产旅游纪念品购物等多种功能于一体的休闲农业和乡村旅游示范片、川北绿色乡村生活有机样板、川北泉水农业第一古村，打响打亮"生态康养天堂"利州品牌。

月坝湿地距白朝乡政府 18 千米，湿地最低海拔 1420 米。该保护小区规划总面积为 12 平方千米，核心区为 2.5 平方千米，主体功能区为 5.5 平方千米。规划在对月坝湿地进行严格保护和有效恢复湿地生态功能的同时，通过 3~5 年的时间把月坝湿地保护小区建成全省重要的高山湿地保护研究基地、科普教育基地以及湿地度假旅游目的地。完成正月十五民宿、近月湖拦水坝、5.5 千米环湖路、游步道等项目建设，形成了近百公顷的常水面和百余公顷的沼泽地。

月坝旅游新村建设开工仪式

为了实现月坝湿地生态修复，湿地内原有的 12 户村民迁址于湿地外统一调整的宅基地，统一规划设计，统一修建装修，形成小型的集中安置点。村民将新建后的民居闲置房屋统一纳入合作社经营，形成 3 家餐饮、1 家烧烤店、1 家茶楼、7 家住宿（58 个床位）的康养旅游度假区，每年将获得房屋租金（30 元 / 平方米）、工资（1500~2000 元 / 人·月）、分红等部分收入。杨松是月坝村安置点的一位村民，家庭人口 6 人，如今拥有了新建房屋（含生产用房）建

罗家老街民居

麻柳古驿道

筑面积476平方米，以前主要搞运输和经营农家乐，年收入3.4万元，如今他家300平方米的闲置房屋入股到合作社，每年可收入房租0.9万元，夫妻俩年工资4.8万元，合作社年利润3成的4%分红（个人入股房屋面积/合作社经营性资产总面积×合作社年利润×0.3×0.04），预计年收入可达到7万~8万元。在月坝村，共有122户村民用土地林地入股合作社，其中52户用闲置房屋入股合作社。通过合作经营的模式，村民享有宅基地上房屋的所有权，富余房屋的使用权量化入股到合作社，使村民闲置房屋变成"固定资产"获得收益。

罗家老街位于月坝村一组境内，共有村民48户，自月坝特色小镇建设以来，吸引了返乡创业青年10余名。完成游客接待中心、农民技术培训中心、农夫集市、党群服务中心等项目的主体建设，建成民宿20家、商铺16家，培养了民宿管家12人、乡村厨师12名，实现日接待游客1000余人。

罗家老街民宿

罗家老街河道景观

1.2 脱贫攻坚

党的十九大提出实施乡村振兴战略，习近平总书记对实施乡村振兴战略目标和路径进行了明确指示，提出了"要坚持乡村全面振兴，抓重点、补短板、强弱项，实现乡村产业振兴、人才振兴、文化振兴、生态振兴、组织振兴，推动农业全面升级、农村全面进步、农民全面发展"的科学论断，这是决胜全面建成小康社会、全面建设社会主义现代化强国的一项重大战略任务，是以习近平同志为核心的党中央对"三农"工作作出的一个新的战略部署、提出的一个新要求，意义非常重大。

贯彻落实党的十九大精神，四川省委十一届三次全会、广元市委七届七次全会和利州区委八届六次全会精神，要把学习的过程转化为创新思路的过程，转化为抓落实、促发展的过程，真正做到用党的十九大精神指导实践、推动工作，撸起袖子加油干，在新时代乡村振兴战略中努力实现新作为。白朝是一个拥有6700多人口的传统农业乡，农村地域广、农业比重大、农民人口多，按照"产业兴旺、生态宜居、乡风文明、治理有效、生活富裕"的总要求，对其脱贫攻坚主要有以下五点思考。

1）聚焦产业兴旺，打造活力乡村

乡村振兴的关键和重点是产业振兴。一是抓产业化经营。深入推进农业产业化经营，重点做好月坝特色小镇这篇文章，创造性构建"一干多支、一村带全乡"的发展新格局，壮大徐家村食用菌产业、观音中药材、林下种养殖、干果、蔬菜等产业规模，提升产业质量和效益，不断提高"五园一村"的产业融合度，

首届中国利州山珍节

以产业发展助推新村建设，加快提升各类种养业等示范基地建设，努力将白朝乡打造成全区乃至全市、全国优质农副产品供应基地。二是抓规模化生产。围绕发展林下种养、生态果蔬、土特产品等农业特色主导产业，规范引导农村土地经营权有序流转，促进适度规模经营。严格落实十九大要求，保持土地承包关系稳定并长久不变，让农民放心把经营权流转出去。三是抓园区化发展。要按照"一带、三片、六核心"的总体布局，加快引进花海、康养度假基地等战略投资，全力建设月坝生态康养湿地、旅游观光农业园，提升徐家、白朝、月坝三村田园综合体，在"宝七路"沿线打造生产、生活、生态"三生同步"示范区，一二三产业"三产融合"先行区，农业、文化、旅游"三位一体"样板区，并积极探索循环农业、创意农业，努力把白朝乡现代农业园建成全区发展现代农业的样板。

2）聚焦生态宜居，打造美丽乡村

利州区将以农耕文化为魂，以美丽田园为韵，以生态农业为基，以古朴村落为形，加强生态环境建设保护，着力建设美丽乡村。一是办好"点"。选择基础条件较好、交通优势明显、特色比较突出、群众积极性高的徐家、白朝、月坝等村进行高起点规划、高标准建设，示范带动全乡美丽乡村建设。二是突破"线"。把重要公路沿线的村作为重点区域进行规划，连片建设提升。结合旅游新村建设对"宝七路"沿线 500 余户民居进行改造升级，进一步凸显川北独有的民居风貌特色。对沿线林地、土地流转进行统一规划、统一设计、统一建设，栽植漫山装点的樱花，道路沿线组团的辛夷花、玉兰花，区域组团的桃花，

月坝村美景

打造春赏花、夏避暑、秋看红叶、冬玩雪的乡村旅游市场。以庭院美化为重点，以村为单位对每户房前屋后环境进行全面整治，组建环卫保洁队伍，建立垃圾分类减量处理机制，实行常态化保洁。三是统筹"面"。巩固脱贫攻坚成果，在全乡全面彻底开展"一拆、二改、三种、四清洁"四大行动，即：建新拆旧，改水、改厕，种树、种花、种果，清洁水源、清洁家园、清洁田园、清洁能源。推进生态养殖，加快推进月坝湿地生态恢复，把"游古村、揽月坝村、探溶洞、踏青流、享田园"的月坝特色小镇旅游打造成精品线路。现已逐步建成融乡村风光游览、农业景观猎奇、民俗风情体验、乡村主题餐饮、健康养肺运动休闲、田园休闲度假、土特产旅游纪念品购物等功能于一体的休闲农业和乡村旅游示范带。守护青山绿水，让人们看得见山，望得见水，记得住乡愁。

3）聚焦乡风文明，打造文明乡村

乡风文明建设是乡村振兴的重要基础和保障。要找准工作载体抓手，深化文明素质教育，推动乡风民风美起来。一是培育新型人才。在农民群众中深入浅出地开展理想信念教育，深化中国特色社会主义和中国梦宣传教育，弘扬民族精神和时代精神，加强爱国主义、集体主义、社会主义教育，引导农民群众听党话、跟党走。以脱贫攻坚、月坝特色小镇建设作为干部培养的"练兵场"，持续推进能人进班子活动，推进各类农村基层队伍建设。创造新农村发展机遇，以"筑巢引凤"不断吸引在外务工的优秀人才返乡创业，积极培养产业发展、电商营销、民宿餐饮类本土人才，培育更多的专业合作社、家庭农场、产业大户等新型经营主体。同时，广泛开展科学知识、实用技术、职业技能培训，引导农民群众提高科学素养、创业本领和致富能力。二是培育优良家风。切实加

罗家老街旧文化墙

罗家老街新文化墙

强农村家庭文明建设，围绕勤劳致富、崇德向善、遵纪守法等内容，大力开展"星级文明户"创建活动，激励农民群众向上向善、孝老爱亲，以良好的家风带动乡风、民风。三是培育淳朴乡风。下力气整治农村风气不良、封建迷信等突出问题，打击黑恶势力和涉农犯罪，激浊扬清、抑恶扬善，努力把不良风气压下去，把新风正气树起来。

4）聚焦治理有效，打造和谐乡村

按照十九大报告提出的"加强农村基层基础工作，健全自治、法治、德治相结合的乡村治理体系"的要求，大力提升乡村治理水平，切实维护农村的和谐稳定。一是引导自治。深入推进基层党建创新工作——"村为主"，完善"村为主"细则，加强"村为主"考核，体现"村为主"成果运用，真正做到发展由基层推动，矛盾在基层化解，利益在基层共享，促进农民自我约束、自我管理、自我提高。二是加强法治。完善乡村法律服务体系，推动基层干部群众形成亲法、信法、学法、守法、用法的思想自觉，强化法律在化解矛盾时的权威地位。三是注重德治。深入实施公民道德建设工程，推进社会公德、职业道德、家庭美德、个人品德建设，引导人们自觉履行法定义务、社会责任和家庭责任。

5）聚焦生活富裕，打造小康乡村

生活富裕是乡村振兴战略的奋斗目标。一是靠发展产业致富。依托全乡旅游资源丰富、月坝特色小镇吸纳就业能力较强等优势，突出"合作社＋农户＋

企业"的发展模式，促进产业融合发展，支持和鼓励农民就业、创业，拓宽增收渠道。二是靠改善民生致富。统筹城乡建设，实施城乡规划、建设、管理、环卫、天然气、供水"六个一体化"，加大农村公共事业投入，在幼有所育、学有所教、劳有所得、病有所医、老有所养、住有所居、弱有所扶上求突破创新，切实增强农民群众的幸福感、获得感。三是靠巩固脱贫成果致富。目前，全部村庄已脱贫，接下来，要大力提升产业扶贫、社会扶贫、劳务协作扶贫工作水平，坚决打赢脱贫攻坚的最后一战。加快流转、盘活农户民居、土地等闲置资产，由合作社统一运营管理，农户能够实现资产租金、股权分红两笔收入，确保全乡每一个贫困群众在全面小康路上"不掉队"。

罗家老街美食街

土特产展销

1.3 示范意义

近年来，月坝村依托得天独厚的自然资源，以脱贫攻坚和乡村振兴先行示范为契机，秉持"绿水青山就是金山银山"的发展理念，着力推进农旅融合发展，实现资源变资产、资产变资本、资本变股权，打响打亮"生态康养天堂"利州品牌。

月坝村的知名度和美誉度显著提升，举办了月坝村年夜饭、月坝村庖汤宴、四川美丽田园欢乐游暨首届中国利州山珍节等活动，并邀请中央、省、市和区级媒体宣传报道。月坝村先后获得"2016年中国十大乡建探索奖""2017年四川百强名村""全国乡风文明十佳村""全国最美森林小镇100例""四川十佳生态宜居村"、四川省森林康养基地、2017年省级"四好村"等荣誉。旅游收入颇丰，2018年第四季度累计接待游客10万余人次，实现旅游收入120万元，人均分红180元，资产入股合作社户均分红1万元，带动合作社社员年人均增收3206元。2019年旅游收入有望突破500万元，实现人均分红300元以上。辐射带动效应突显，月坝特色小镇覆盖及辐射范围内的12个村已全部"脱贫摘帽"，小镇的增收带动效应正在急剧显现。

2 乡村振兴 规划先行

2.1 规划理念

1）陪伴式服务，系统乡建

随着乡村建设的不断推进，迎来了乡村振兴的新时代，乡村规划编制全面展开，但很多规划设计成果最终落得"图上画画，墙上挂挂"的命运。在乡村规划实施过程中，常存在"有规划设计无指导服务""不按规划设计实施建设"等问题，导致规划落地实施效果不能尽如人意。

陪伴式服务就是在乡村蜕变过程中，避免出现建设实施与规划设计不符而采用的重要手段和有效措施。月坝村建设之路成功应用了中国城镇化促进会城乡统筹委总结的"七句诀"系统乡村建设理念。凭借一体"化"城乡为目标、二"农"为主和三"建"齐发为策略、四"本"为要的独特性、五"全"共识

- 一体"化"城乡（城乡功能互补、城乡空间融合、城乡用地混合、城乡服务共享、城乡社会共治）
- 二"农"为主（农民主体、农村村两委主体）
- 三"建"齐发（村庄建设、农业建设、党群建设）
- 四"本"为要（本地材料、本地工艺、本地工匠、本地习俗）
- 五"全"共识（全领域、全过程、全职能、全部门、全体人）
- 六"事"同举（规划、设计、建设、管理、运营、维护）
- 七"素"统规（山、水、林、田、路、村、房）

中国系统乡村建设理念——"七句诀"

为落脚点、六"事"同举的时序和持续性、七"素"统规的科学控制，最终使月坝村建设实施能按照规划设计落实落地。

2）把农村建设得更像农村

秉承"绿十字"创始人孙君老师"把农村建设得更像农村"的乡建理念，避免用工业的模式发展农业、用城市的理念发展乡村。根据历史文化、民俗风情，规划一个适合月坝村的发展模式，建设过程中做到了差异化，体现出本地特有的传统习俗、乡土文化，展现了川北的地域特色。

3）农旅融合，合理布局

近几年，中国乡村旅游进入快速发展阶段，乡村旅游活动中对参与体验性的要求越来越高，对物质及精神层面的高品质需求越来越显著。

月坝村坚持以农业供给侧结构性改革为主线，以优化农业产能和增加农民收入为目标，以"休闲农业＋乡村旅游"的发展模式为抓手，合理布局，形成以山、水、林、高山湿地为主的乡村生态康养组团，以文化、民俗为主的乡村文创组团，以农田为主的休闲农业组团，构建月坝村"农业＋旅游、电商、文创、生态……"的产业发展体系，塑造乡村自身吸引力，助力乡村振兴。通过近几年的发展，打造出月坝美食、月坝特色民宿、月坝山珍、月坝土特产、利州香菇等产品，初步打响了月坝村品牌。

4）生态为本，文化筑魂

月坝村四面环山，平均海拔1000米，年平均气温14.6℃，自然风光秀丽独特，有四川省首个高山湿地保护小区和黄蛟山、月坝湖、溶洞群、农田等宝贵的乡村资源，无工业污染，原生态森林空气负氧离子含量达到9000个每立方厘米以上，是纯天然的氧吧，为休闲避暑首选之地。罗家河穿村而过，跟随地形变化不一，资源特质较强，季节性明显，适合根据不同形式水系打造特色滨水景观以及水岸体验项目。月坝村建设规划以保护生态、尊重自然为前提，做到不填塘、不劈山、不占田、不砍树，实践绿色发展理念，将月坝村的生态环境优势转化为生态旅游、生态农业等生态经济的优势。

月坝村拥有独特的文化内涵，如乡村多年发展的月坝村麻柳溪爱情传说、观音庙养生文化、女儿节庆、川北乡风民俗文化。月坝村规划设计将康养文化融入之中，将建筑与环境相结合，使坝村成为宣传广元市利州区康养文化的窗口。同时，注重城市人的文化习惯和消费倾向，将其与现代时尚文化相结合，使月坝村成为广元市乡村振兴示范项目。

5）农民主体，运营前置

月坝村农民主体试点先行开发过程中，在保障农民主体利益的前提下，兼顾各方开发者的利益，选择适合月坝村的"合作社＋农户＋企业"模式，激活资金保障链条。投资公司负责公共服务设施和基础设施建设，并且负责商业管理和经营运作，直接与村集体、农户进行合作，签订合作协议，明确各自的责任、权利和义务；村集体和农户可以按照企业标准提供特色商品、民宿接待等服务，也可以将土地资源入股，建立资产股、自然股、集体经济持续发展股、偿还投资公司股的"2224"红利分配机制。

乡村振兴、运营和软件的提升是关键，运营前置，规划设计才能精准介入；软件先行，群众积极性才能跟上。从始至终，月坝村就秉承"运营前置，软件先行"的全局思维，规划设计与软件建设、运营同步进行，确保做出可落地、见成效的设计方案。月坝村——"离月亮最近的地方"，通过品牌知识产权（IP）、智慧旅游把游客请进来，通过环境治理、生态修复、产业布局让游客留下来，通过乡宿服务、微商、品牌包装等培训使游客再回来，同时让农民爱自己的房子与村庄，固国安邦，安居乐业。

农夫集市

2.2　规划历程

2.2.1　产村融合，生态康养——月坝村与月坝湿地

1）区位条件

　　月坝村位于广元市利州区白朝乡，四川盆地北部边缘，东经105°30′，北纬32°24′，地处岷山和龙门山之间，位于成都至九寨沟的旅游环线上。距广元城区40千米，东连三堆、宝轮、赤化，南接青川白家乡、剑阁下寺镇，西北与青川县楼子、茶坝、观音店三乡相邻，兰渝铁路和广甘高速公路从兴隆溶洞群东侧穿过。

2）现状概述

　　月坝村位于白朝乡西北部，距乡政府10千米，辖区面积23.32公顷，辖5个村民小组，171户592人。2014年，全村有建卡贫困户34户，低保户79户，五保户2户，人均年收入5960元。耕地62.9公顷，山林面积121公顷，主要种植水稻、玉米、小麦和油菜。罗家老街属于一组与二组，总体开发用地面积约为40公顷。

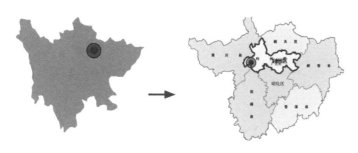

月坝村在四川省的区位图　　　　　　　月坝村在广元市的区位图

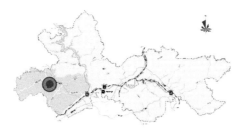

月坝村在利州区的区位图

月坝湿地位于月坝村西边，总体占地面积约为230公顷，属于五组，距离罗家老街8千米。2015年以前，受早期农业开发的影响，月坝湿地三分之二以上的面积因开沟排水而萎缩退化，且剩余湿地被明显分割。虽然湿地较为干旱，但尚保存有较为完整的森林、湿地生态系统以及丰富的物种。

月坝村原名兴隆村，2015年10月启动罗家老街改造提升规划设计工作，为打造"月坝村"品牌，将兴隆村改名为月坝村。2016年初，在"景村一体发展，打造旅游目的地"的目标下，同步启动月坝湿地的规划与建设。2018年初，罗家老街与月坝湿地已初步建成，并投入运营，已成为广元乃至四川各级政府乡村振兴的考察地之一。2019年通过编制控制性详细规划，将罗家老街、月坝湿地与李子坝共同打造为月坝生态康养小镇。

3）外部交通

外部交通网络主要由京昆高速、兰海高速、广巴达高速和宝成铁路、兰渝铁路、广巴达铁路构成，在利州区内呈双"米"字形交会。西成高铁正加快建设，以拉近周边城市的距离。距周边省会、地级市均处在2~3小时交通圈内，距广元城区约30千米，为1小时交通圈。广元、汉中、巴中、陇南、绵阳为客群来源核心城市。

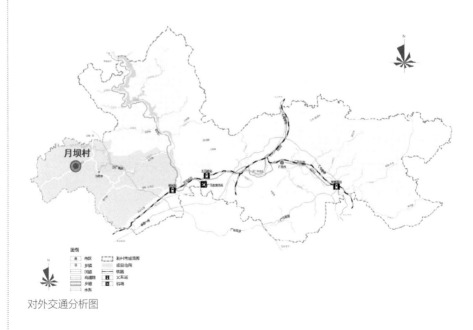

对外交通分析图

4）特色资源总结

月坝村资源丰富，生态环境良好，山水相依相融，被誉为"广元小西藏"。有山、水、林、谷，地势多样，物产丰富。植被覆盖率较高、空气负氧离子含量高、气候舒适度高，具有开发生态康养旅游的资源基础。

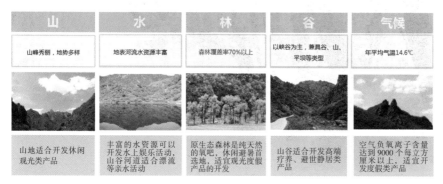

自然资源

（1）农业资源：包括白朝乡月坝村优质水稻、无公害蔬菜、食用菌、枇杷、板栗、老鹰茶、中草药等，手工业以养蜂、酿酒、魔芋制作、豆腐磨制、酸菜制作、腊肉熏制为主，已逐渐形成产、供、销一条龙的特色产业。

农业资源

（2）高山泉水：月坝村所有的生态食物得益于月坝湿地以及周边山体流下来的泉水，此水无需过滤，可直接烧开饮用。

（3）罗家河十里古麻柳长廊：现保存有古麻柳树5000余株，相传距今有300多年的历史。

罗家河古麻柳长廊

（4）月坝溶洞群：被誉为富水洞，是"昭化八景"之一，28个溶洞与群山连绵，体量庞大，较为罕见。

月坝溶洞

（5）月坝湿地：四面环山，形成高山平坝，形似满月，故得此名。冬无酷冷，夏自凉，自然风光秀丽独特，野生动植物丰富，且含28个溶洞，保护与利用价值潜力巨大。

月坝湿地

（6）黄蛟山：黄蛟山属龙门山脉，最高峰海拔1917米，是利州区海拔最高的山，山峰层次分明，山形极像出海蛟龙朝月坝村奔腾，故名黄蛟山。山上有珙桐、红豆杉、银杏、麦吊云杉、黑熊、林麝、穿山甲、豪猪等4000余种动植物，最多的植物是上千公顷的箬竹，被誉为"月坝竹海"。

黄蛟山航拍

（7）民俗文化：薅草歌、山歌、打柴歌、吹唢呐、采莲船、牛灯舞、乡村乐队等。

薅草歌

山歌

打柴歌

吹唢呐

采莲船

牛灯舞

乡村乐队

（8）传统乡土文化：农耕文化、年猪节、百鸡宴年夜饭、故事传说。

农耕文化

年猪节

百鸡宴年夜饭

故事传说

5）发展策略

（1）分期开发式：统一规划，分期实施，突出重点，循序投入，分期推进式开发建设与提升，实现项目稳步发展和可持续发展。

（2）生态循环化：在强化生态资源保护和环境保护的前提下，发展循环经济，合理利用各种资源，因地制宜，进行保护性适度开发。

（3）品牌特色化：以高起点、高标准设计开发月坝村特色产品，形成特色鲜明的月坝康养特色小镇旅游品牌形象。

（4）康养主题化：注重休闲养生度假项目的开发，以及罗家老街文化的养生功能提炼，突出滨水康养小镇项目的特色。

（5）土地价值最大化：合理规划和利用土地资源，通过土地资源的优化配置，盘活闲置用地，实现土地利用集约化。

6）总体定位

月坝康养特色小镇的总体定位为：四川省特色康养度假目的地、四川省乡村振兴示范区、川北乡村旅游目的地。

7）形象定位

月坝村——一个"离月亮最近的地方"。

8）分区规划

月坝康养特色小镇分为三大功能片区：桃源不夜谷、月坝灵犀谷和冰雪欢乐谷。

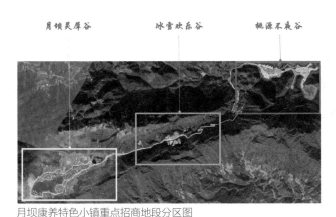

月坝康养特色小镇重点招商地段分区图

（1）桃源不夜谷——罗家老街：

桃源不夜谷

罗家老街改造后实景

① 功能定位：特色商街、滨水休闲、民俗体验、会议培训。

② 总体布局：

a. 布局策略见布局策略图。

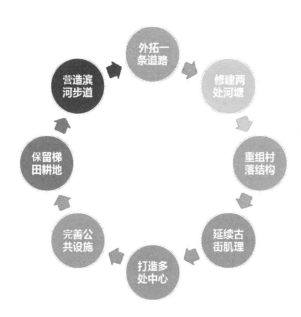

布局策略图

策略一——外拓一条道路：降低途经车辆的影响，营造月坝村落良好的旅游交通环境。

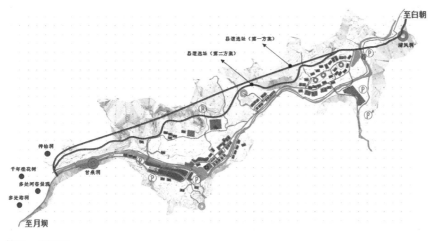

策略一分析图

策略二——修建两处河塘：使用生态手法营造乡村微生态系统。

策略二分析图

策略三——重组村落结构：保留主街上的部分农户，部分农户需搬迁，其宅基地用于建设公共服务设施，新老建筑共同构建更为完善的村落格局。

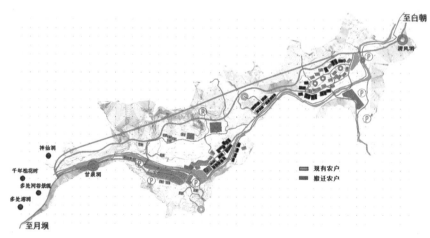

策略三分析图

策略四——延续古街肌理：将原来不到 200 米的古街延长到 700~800 米，形成合理的古街长度。

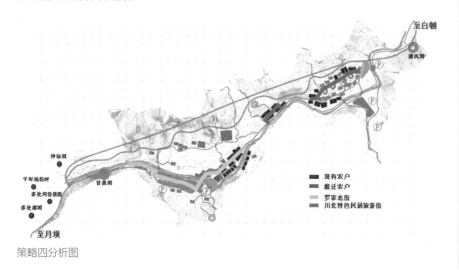

策略四分析图

策略五——打造多处中心：按照步移景异的造景手法，打造多处建筑与景观视觉焦点，形成人流聚集中心。

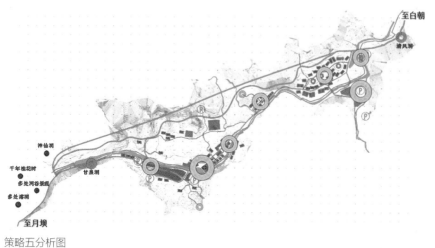

策略五分析图

策略六——完善公共设施：增设了游客中心、基层干部培训学校（乡村振兴学院）、村党群服务中心、村卫生院、村民活动广场、村戏台、村警务室和村金融服务网点等公共服务设施。

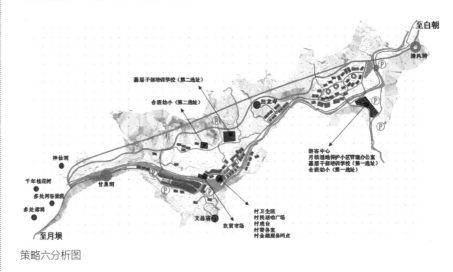

策略六分析图

策略七——保留梯田耕地：不搞拥挤建设，把农村建设得更像农村，为后续发展留下可控的空间。

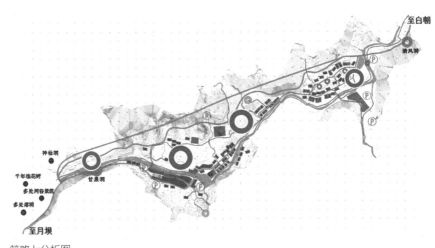

策略七分析图

策略八——营造滨河步道：利用古麻柳、碎石河道、石桥、拱桥、索桥、漫水桥、汀步桥、吊桥、独木桥、拦水坝等多重水上景观，营造多彩的河道空间。

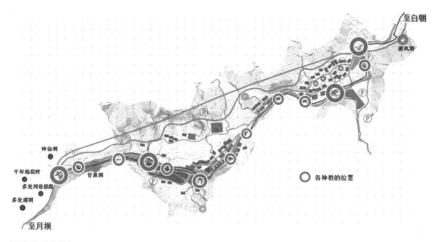

策略八分析图

b.功能结构：根据资源特点和游客需求，将罗家老街分为"一带、四组团"，不同组团承担着不同的业态功能。游客可以顺着泉水、清流、河谷景观游憩带，进村后在"川北乡情民俗体验组团"参与一系列民俗活动，到"罗家老街文化体验组团"品尝特色农家美食，去"山禾画廊休闲娱乐组团"进行农业观光与农事体验，在"洞天福地观光猎奇组团"的麻柳长廊漫步，然后回到"罗家老街文化体验组团"的老街院子住下来，体会乡村民宿依山而居的宁静与放松。

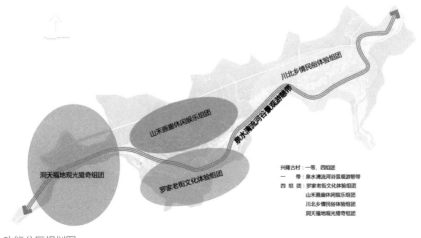

功能分区规划图

c. 平面布局见规划总平面图。

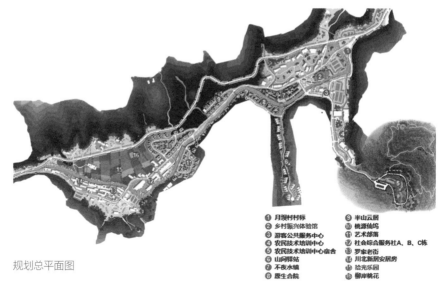

① 月坝村村标　　　⑨ 半山云居
② 乡村振兴体验馆　⑩ 桃源仙鸟
③ 游客公共服务中心⑪ 艺术部落
④ 农民技术培训中心⑫ 社会综合服务社A、B、C栋
⑤ 农民技术培训中心·宿舍⑬ 罗家老街
⑥ 山间驿站　　　⑭ 川北新居安居房
⑦ 不夜水镇　　　⑮ 拾光乐园
⑧ 原生合院　　　⑯ 柳岸桃花

规划总平面图

③重点工程：

a. 公共服务设施：包括游客服务中心、月坝村综合服务社、乡村振兴学院、月坝客栈、乡村振兴体验馆。

游客服务中心：月坝村游客服务中心是游客到月坝村的第一站，这里承担了旅游接待、咨询、票务、商务洽谈、简餐等主要功能，并配有管理用房、公

月坝村游客服务中心效果图与实景

共卫生间、停车场等辅助空间。总用地面积 4043 平方米，总建筑面积 1300 平方米，容积率 0.32。

月坝村综合服务社：包含村党群服务中心、村史馆、卫生室、便民服务中心、图书室、大戏台、农夫集市，并设置了集农产品线下销售、互联网金融、民宿接待、餐饮服务等功能于一体的月坝村综合服务社。总用地面积 7454 平方米，总建筑面积 3275 平方米，容积率 0.44。

月坝村党群服务中心效果图与实景

大戏台效果图与实景

农夫集市室内实景

农夫集市效果图与实景

　　乡村振兴学院：在月坝村入口处向南延伸的河谷地带，规划布局了接待中心、会议中心、基层干部培训学校学员公寓与兼具旅游接待功能的休闲娱乐空间。总用地面积 23 247 平方米，总建筑面积 6664 平方米，容积率 0.24。

乡村振兴学院接待中心效果图与实景

乡村振兴学院接待中心实景

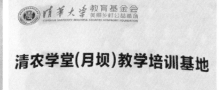

乡村振兴学院授牌基地

乡村振兴学院会议中心实景

　　月坝客栈：将原来废弃的小学改造成精品客栈，主要接待团队游客。总用地面积6222平方米，总建筑面积3800平方米，容积率0.61。

月坝客栈改造前

月坝客栈改造后实景

乡村振兴体验馆：以乡村振兴体验馆建设和四川省第三届村长大会的召开为契机打造全国乡村振兴领创的文化体验空间。平面形态设计取"月坝"之意，俯瞰弯月，"高山环抱，形似满月"，故将"视、听、嗅、触、味"各功能环抱围合；立面上结合当地民居特色，屋顶采用不规则折板，体现出山势起伏之感，旨在打造成月坝康养小镇的标志性建筑。总用地面积 3723 平方米，总建筑面积 1950 平方米，容积率 0.52。

乡村振兴体验馆效果图

b. 民居改造：灾后重建，大部分民居为砖混结构，传统川北特色风貌逐渐消失，设计充分利用原有建筑基础，灵活运用本地材料与工艺，建设极富特色的川北新民居。

传统工艺、材料、做法细节

传统工艺、材料、做法细节

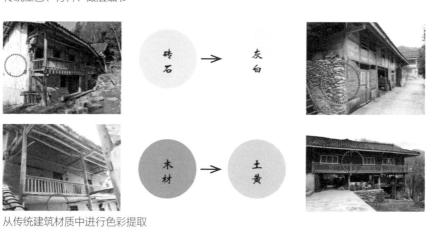

从传统建筑材质中进行色彩提取

砖石 → 灰白

木材 → 土黄

川北新民居改造前后对比——吴光成家

川北新民居改造效果图——吴光成家

吴光成家室内实景

吴光成家室外实景

川北新民居改造前后对比——刘学兵家

川北新民居改造效果图——刘学兵家

刘学兵家庭院

刘学兵家民宿客房

刘学兵家接待餐厅

乡村振兴　规划先行

把农村建设得更像农村

川北新民居——麻柳小院

川北新民居——桂花小院

c.景观改造：以自然和生态为设计的出发点和归宿，融入农业艺术、人文等资源要素，强调观光者的参与和共享。以农业空间与民俗活动为载体，将河道景观分为四大主题功能区：陌上原野（农耕、花海主题）、彼岸幽谷（科普长廊主题）、梦里华市（民俗文化主题）和拾光乐园（水上乐园主题）。

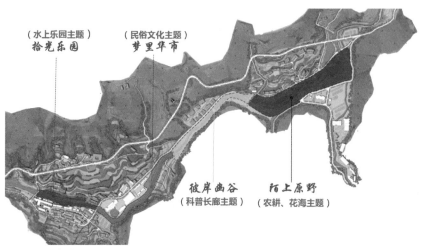

河道景观功能分区图

陌上原野（农耕、花海主题）：传承与保护农耕文化，重塑"人、田、宅、山、林、水"共生融合的生态系统与农业文明。景观节点包括：荷花塘堤坝休闲木屋、荷花塘堤坝木栈道、薰衣草花海、风车、铁质造型休息区、农耕农具文化展示、休闲木屋、耕牛种地雕塑和稻草人等小品。

彼岸幽谷（科普长廊主题）：通过增加本土动植物群，打造为一处生机勃勃的、适用于室外科学教育的景观长廊。景观节点包括：仿真鸟巢、树屋、铁质鸟窝、麻柳树故事、自然风力发电、自然科普展示、双龙桥故事和本地水生植物修复等。

梦里华市（民俗文化主题）：承接大戏台区域环境，再现地区繁荣的民俗文化；种植生态涵养林，兼具河道景观与生态保护的作用。策划活动包括：互动、体验——牛灯、唢呐锣鼓、采莲船、山歌对唱台；场景再现——年猪节、家禽观赏、民俗景观区。

拾光乐园（水上乐园主题）：满足老街游客集散的需求，弥补老街"玩"体验性不足的现状，设置梯田式水景，拓宽山洪过境通道。策划项目包括：观赏——水车、青蛙、乌龟艺术摆件；互动、体验——过水汀步、捉泥鳅、葡萄梯田水景、水磨坊、水上秋千、独桩吊桥、铁链平衡木、脚踏水车。

河道改造前后对比

河道两侧的乡土文化小品

河道两侧的休闲空间

河道两侧的休闲空间

民俗文化活动——非遗活动展示

荷花塘改造前后对比

麻柳沟双龙桥

罗家老街河道改造前后对比

树屋效果图

树屋实景

　　d. 基础设施建设：建设完善了村庄道路、电力电信、给排水管网、污水处理厂、自来水厂和环卫等设施，补齐了月坝村基础设施的短板。

村庄道路改造前后对比

④ 重点招商项目：

a. 山间驿站：建造于山谷之中，隐匿于丛林之间，听涓涓流水，享自在安逸。此处不受外界干扰，整个空间较为独立，每栋建筑均设有木平台，可观赏星空之美。

b. 不夜水镇：结合周边水资源，通过亲水景观的营造，打造集休闲、观光与原生态风情体验于一体的水主题商业区。设有水上集市和民俗风情街。水上集市是大众化的特色休闲产品，依河而起，人们可感受独特的购物方式；民俗风情街向游客展示当地的民俗文化。水疗面向高端的客户群，以奢华享受为出发点，如进口的护肤精油和先进仪器等，是古与今交融的独特休闲方式。

c. 原生合院：从建筑形态到室内空间到院落布置，还原原生文化故事的场景，使来到这里客居的人们能够感悟到这片土地的文化力量。独栋私人院落的设计能增强空间的私密性，依水而建，可以更好地营造原生态的生活氛围。与桃源仙坞隔水相望，既是其延续又是其升华。

d. 半山云居：利用梯台式的场地特征，打造高端的度假产品，消费者在亲近自然的同时，也可拥有奢华的度假感受。

e. 桃源仙坞：桃花象征着爱情、长寿以及美好的生活，此处仍以桃花为主要元素，既与"柳岸桃花"相呼应，又可营造出世外桃源的意境。

f. 艺术部落：将其打造成川北艺术家的创作居所，传承川北地域所特有的民间非物质文化艺术，花、草、山、水一应俱全，营造舒适的创作环境。

g. 罗家老街：老街用简单的灰瓦白墙、木元素做装饰，将川北民居的地方特色展示给游客。作为前往月坝村的补给休息站，老街既有广元特色的小吃，也能为游客提供休息服务。

h. 拾光乐园：既可满足老街游客集散的需求，又可弥补老街玩乐体验性不足的现状，利用梯田式水景拓宽山洪过境通道，设置景观，增强互动性。

i. 柳岸桃花：利用梯田种植桃树，待桃花绽放时，形成"山上层层桃李花，云间烟火是人家"的景象。

桃园不夜谷效果图

罗家老街改造前后实景对比

罗家老街改造后实景

（2）月坝灵犀谷：

①功能定位：野奢营地、户外运动、康养度假。

月坝湿地修复前实景（2015 年）

月坝湿地修复后实景（2018 年）

② 总体布局见月坝灵犀谷平面图。

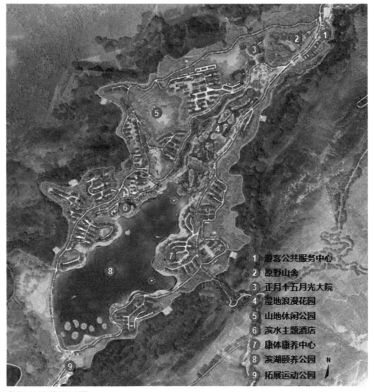

月坝灵犀谷平面图

③ 重点工程:

a. 公共服务设施:

公共服务中心:为月坝村景区提供旅游接待、住宿预订等咨询服务。建筑面积 457 平方米,占地面积 716.4 平方米。公共服务中心具有的功能如下:

游客服务中心效果图

游客服务中心实景

引导功能：位于月坝湿地之前 2 千米处，起着窗口的作用，展示月坝灵犀谷整个景区内的环境、景物和设施等旅游组成要素。

服务功能：可为游客提供休息、餐饮、交通、娱乐、购物等服务，以便游客满意地完成本次旅游计划。

游憩功能：游客接待中心独特的川北建筑风格和民俗风情也是月坝湿地游览的一部分，具有一定的游憩价值。

集散功能：游览区与外部的交通连接点对来往的游客有集散作用。

解说功能：最重要的功能之一，让游客了解关于自然和文化资源的意义和价值。

其他功能：失物招领、物品寄存、医疗服务和邮政服务等。

正月十五民宿：在景区入口处，依地形建造了 12 户含餐饮与住宿功能的民宿。

正月十五民宿实景

正月十五民宿实景

公共厕所：根据游客步行的实际情况，环湖设置了 6 处公共厕所，单体建筑面积为 98 平方米。

双层观景亭：为棕色防腐木亭，面积为 68 平方米。

b. 基础设施工程：

拦水坝工程：筑坝蓄水成湖，为月坝村打造一处"近月湖"。

环湖路工程：4.5 米宽的环形电瓶车路，总长 5195 米。

游步道工程：宽 1.5 米、长 7318.5 米的园路和宽 2 米、长 2355 米的木栈道。

公厕实景

双层观景亭实景

拦水坝工程实景

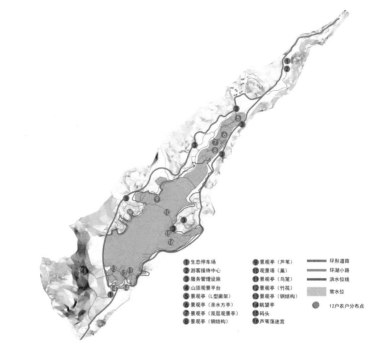

湿地景观与道路工程设计平面图

环湖路工程实景

游步道工程实景

湿地恢复工程：通过生态技术或生态工程对退化或消失的湿地进行修复或重建，再现修复前的结构和功能。

湿地恢复实景

c.重点招商项目:

原野山舍:采用现代建筑材料,运用建筑设计手法,融入传统川北建筑文化元素,建筑形式上充分利用地形、地貌规划休闲氛围浓郁的坡地建筑。依山而建,独立入户,转角设有露台,把室内空间延伸至户外。

湿地浪漫花园:打造生态环保的景观项目,设置夜间观光项目,营造月坝村夜晚浪漫的氛围。在花园中设置湿地农庄,让游客在进餐时也可欣赏美景。

山地休闲公园:主要由健身康养中心和湿地书院两部分组成,为游客提供健身娱乐及养心休憩的场所。

滨水主题酒店:傍月坝湿地而建,设置配套的服务设施,打造生态化居住环境。

康体康养中心:依托滨水幽静的环境,携手广元市中医院建设康养基地,旨在形成广元中医为四川中老年朋友提供慢性病治疗与康养之地。主要提供健康管理、档案管理和中医慢性病治疗等服务。

拓展运动公园:滑板公园、马术俱乐部、山地越野和环山游道。

月坝灵犀谷效果图

（3）冰雪欢乐谷：

① 功能定位：冰雪游乐、山地运动、温泉度假。

冰雪欢乐谷——李子坝美景

② 重点招商项目：

溪畔山居：打造冰雪欢乐谷地标性建筑，为游客提供休息、餐饮等服务的温泉酒店。

花间别院：依山傍水而建，较为独立和私密，打造较为高端的消费度假产品。

拓展基地：利用独特的地形及原生态森林资源，打造户外运动拓展基地，让游客在大自然中享受冒险的乐趣。

滑雪场：打破月坝村冬季无处游玩的窘境，在这里不仅可以体验滑雪带来的刺激，还可享受冰雪带来的视觉盛宴。

山地冲锋车：一处释放压力的地方，没有任何的束缚与规则，可以展现完美的车技。

森林乐园：以儿童为主要服务对象，注重森林创意景观，营造原生丛林氛围，满足儿童对森林的想象。

冰雪欢乐谷效果图

溪畔山居效果图

花间别院效果图

2.2.2　以点串线，以线带面——"宝七路"乡村振兴示范带与西部山区全域旅游

1）概述

"宝七路"宝轮至白朝段 2015 年开始建设，2017 年全线贯通。2017 年 12 月，启动"宝七路"沿线 42 千米的节点策划与工程设计，将"宝七路"打造成一条从宝轮至月坝村的旅游专线公路，并依托"宝七路"向外划定更大区域，运用"以线带面，包装项目，引入社会资本"的策略，促进利州西部山区更大范围内的乡村经济发展。

乡村振兴示范带

2）"宝七路"乡村振兴示范带

（1）总体定位：观山揽月。

（2）形象定位：闲行九界月色画廊。

"九界"节点位置图

（3）"九界"的释义：《黄帝内经》中说"天地之至数，始于一，终于九焉"，指出"九"是最高数，超过九，就要进一位，又回到"一"了。因此，自古至今，常用"九"表示"多"。

"九"从"多"又引申出"高""深"等含义。例如："九霄""九重天"中的"九"等。"九"为最高数又与"久"谐音，所以自古为人们所喜爱。

"九界"突出"九"之多、之高、之深……"蜀乡·九界"的产品之丰富，是对"蜀乡·九界"品牌的延展。

（4）"闲行九界月色画廊"的释义：是指沿山路拾级而上的"九界"画卷。从小镇的资源要素中提取"水、花、林、田、艺、山、尘、云、月"的核心内涵，每一要素自成一界，形成问水界、吟花界、谧林界、画田界、修艺界、栖山界、洗尘界、听云界和揽月界。

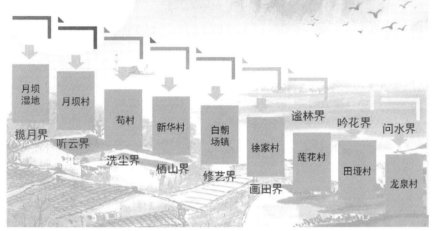

从问水界到揽月界，由低到高，逐渐上升到一种境域，代表一个空间序列上的递进和升华

月坝湿地 月坝村 苟村 新华村 白朝场镇 徐家村 谧林界 吟花界 问水界
揽月界 听云界 洗尘界 栖山界 修艺界 画田界 莲花村 田垭村 龙泉村

"九界"空间结构

"九界"形成空间里层层向上的概念，由低到高，逐渐上升到一种境域，每一"界"都拥有与众不同的景象。

"九界"串联了"宝七路"沿线的龙泉村、田垭村、莲花村、徐家村、白朝场镇、新华村、苟村、月坝村一二组（罗家老街）和月坝湿地（月坝村五组）。在重点打造景观节点的同时，规划设计团队在现场以游客的视角，对建筑外风貌与景观进行了现场指导，使各村各界特色鲜明、风格统一。

① 龙泉村（问水界）：位于宝轮镇，村境内多为石灰岩层，故溶洞资源非常丰富。这些溶洞被人们称为"龙洞"，最负盛名的是老龙洞，古时称富水洞，为昭化区八景之一。村内有全镇最大、修建最早的龙泉水库。由此村开始，便进入了月坝康养特色小镇，其中青龙湖为第一个重要节点。

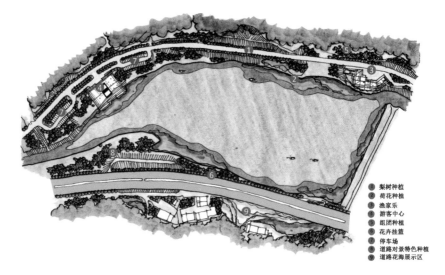

① 梨树种植
② 荷花种植
③ 渔家乐
④ 游客中心
⑤ 组团种植
⑥ 花卉挂篮
⑦ 停车场
⑧ 道路对景特色种植
⑨ 道路花海展示区

青龙湖景观设计平面图

a. 青龙湖景观提升改造：

设计理念：对青龙湖周边进行环境整治与景观设计，设置了小型游客中心、渔家乐、道路花海、荷花种植、花卉挂篮等项目，打造一处集观景、休憩、钓鱼、喝茶等功能于一体的旅游节点。

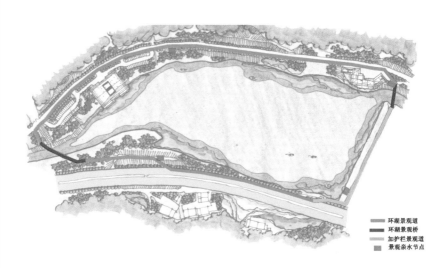

■■ 环湖景观道
■■ 环湖景观桥
■■ 加护栏景观道
■■ 景观亲水节点

青龙湖环湖游憩道设计平面图

景观设计：通过不同的植物配置，将近水空间有节奏地打造为有开合变化、有四季变化的空间。道路两侧以梨树为主，桃树、日本晚樱作为点缀树种，形成两岸梨花落英缤纷的景象。高速公路两侧以花箱展示为主。

b. 游客中心：

设计理念：四川高山连绵起伏、高低交错，建筑设计为了顺应当地自然景观现状，采用大坡屋顶。远观建筑和山体景观融为一体，凸显当地建筑特色。

青龙湖游客中心效果图

立面设计：大量使用当地的木材、竹子等乡土材料制作的格栅为立面造型元素，横竖交错、长短不一而韵律自生。

中庭景观：打通建筑中部，作为景观轴线，顺应场地现状，从建筑主入口到湖岸，一步一景，给人不同的感官享受。走道中间的庭院，格栅作为顶棚带给行人不同的光影变化。银杏树沿中轴线做点缀，使得建筑与自然共生，增添了几分趣味。

c.渔家乐：

设计理念：依山造势，傍水行韵，采用川北民居灰瓦白墙的形象建立起独特的文化识别特征，通过室内外空间的交错变化，给游客带来不一样的空间感受。

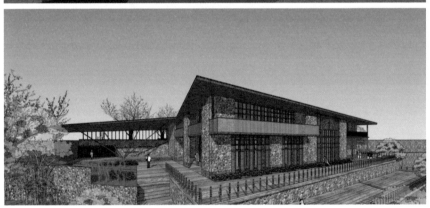

青龙湖渔家乐效果图

平面：提取"水、河流"为设计元素，进行变形、规整的艺术处理后，再与渔家乐建筑平面功能的整体布局形式相结合，最终形成了本方案。

立面：建筑立面采用当地的竹子格栅为主要设计元素，并在景观湖一侧立面上大面积使用玻璃窗，使得室内大厅获得良好的观景效果。布置的大面积外廊和休息平台为游客提供了观看湖水美景的便利。建筑室内外空间相结合，增强了建筑的趣味性。

为了突显"渔"主题，建筑中设计了亲水平台戏水空间，让水点亮整个主体，做到自然和建筑的共生。

② 田垭村（吟花界）：位于宝轮镇与白朝乡交界处，处于"宝七路"沿线，村内有上千棵古梨树，借助规划"宝七路"沿线景观节点这一有利时机，田垭村规划新植梨树嫁接苗 13 000 株，打造贡梨园项目。

田垭村全景

设计理念：旨在为田垭村贡梨园打造一个入口标志。场地包括前广场、后广场、荷花水景、乡村标志及花海。入口前广场主要是休憩空间，由雕塑小品构成，植物做点缀。后广场相对安静，有凉亭、廊架。最后面有不同层次的乡土花卉组合。村标前为水景景观，种植荷花、睡莲等水生植物，丰富了建筑造型。

田垭村村标效果图

墙体美绘：为了丰富"宝七路"沿线的风景，在立面改造的基础上，加入了手绘墙的设计，将本地特色文化绘入其中。

田垭村墙体美绘

田垭村村委会风貌提升实景

田垭村农居风貌提升实景

③莲花村（谧林界）：莲花村位于利州区宝轮镇西20千米处，当地人称莲花碥，因五组上沟头的莲花洞而得名。莲花村北与苟村接壤，东与老林村相连，南与田垭村相依，西与白朝乡接连。莲花村植被良好，景点源头起于莲花洞的莲花溪，目前正开发打造旅游景区。

a.莲花洞水吧：

设计理念：登高而望远，俯览千沟万壑，藏世界于胸中，框万物于眼下，一沙一世界，一花一天国。

水吧效果图

水吧实景

场地设计：停车区在建筑前侧，广场中轴线为人行路线。休息平台设计在建筑背面，既实现了动静分区，又具有良好的观景效果。

建筑形式：建筑屋顶依然采用对称坡屋顶，依山而建，屋顶走势顺应了山体，避免了碰撞。

立面：水吧追求活泼、现代，使用了较多的玻璃窗。透过入口门厅将远处的山水景色尽收眼底。

b. 荷花塘：

设计理念：荷花塘节点景观由前广场、村标和花海构成。村标位于道路交会处，村标的前广场可以为游客提供短暂的停留、拍照场所。四周是野花、古树，增强了场地植物景观的层次感。

荷花塘乡村标志效果图

荷花塘乡村标志实景

④ 徐家村（画田界）：徐家村属于白朝乡管辖，毗邻东张公村、天尊院村、养军店村、西矾硫村等。徐家村拥有白朝乡最大的食用菌产业园，也是"利州香菇"的发源地。这里不仅大规模生产香菇，还种植木耳、灵芝等中高档食用菌，销售至广元市甚至海外市场，它们已成为名副其实的利州特产。近些年来，由于"宝七路"的开通，徐家村也踏上了乡村旅游的快速路。

徐家村村标实景

a. 大碑垭：

设计理念：对现场池塘加以改造，配合设计亭、台、步道等景观小品，共同形成"宝七路"上较为重要的文化景观节点，供本地村民及游客休闲观光。

大碑垭效果图

大碑垭实景

b. 香菇研发中心：

设计理念：以本地区的特色优势为范本，利用蘑菇、灵芝等作物的生物形态，来与建筑语汇共创对话，使建筑本身犹如生长在自然环境中，为自然环境创造新的亮点。建筑布局通过游客漫步田道将展厅、餐饮茶室、香菇研究所等串联起来，将游客活动更好地融入自然和建筑中，让人充分感受乡土气息。

香菇研究所效果图

香菇研究所实景

徐家村全景

徐家村民居提升实景

⑤白朝场镇（修艺界）：位于白朝乡乡政府驻地，学校、医院、文化广场等公共设施集中于此。为了配合月坝康养小镇的打造，白朝乡主街的沿街立面也做了民居改造提升，新增了白朝集市、乡标、白马观等公共建筑与标志性构筑物，以丰富当地百姓的生活，增强其文化自信。

白朝场镇乡标效果图

白朝场镇全景

白朝场镇的设计理念：与民共乐，方便民生，展开怀抱，欢迎四海友人。在强调实用功能的同时，以白墙灰瓦、木材为主要设计元素，不失当地建筑的特色。

白朝集市的设计理念：平面沿用了"市场"的空间处理手法，让原本单调的建筑有了"街道"的空间体验，以"之"字形串联了白朝超市、白朝大集、活动广场、停车场、后花园景观。丰富了游客购物、游览时的场所体验。另外，平面上采用对称手法，中间活动广场内凹，两边墙体进行围合，仿佛张开双臂，随时欢迎八方游客。为了使商业建筑更加活泼、开放，立面上通过开窗、门、屋顶挑檐等设计元素的多样统一，打破了沉闷的立面效果。

白朝集市效果图

　　白马观的设计理念：拆除旧址，在异地新建一组寺庙建筑，为当地村民和外地游客提供一处旅游场所。

白马观效果图与实景

⑥ 新华村（栖山界）：新华村属于白朝乡管辖，与白马街社区、新房村相邻，主要农产品有油菜、雪里蕻、山药，村委会、活动室、医疗卫生室等公共服务设施较为健全。为了将新华村已有的板栗种植基地打造成地区品牌，规划新增了红栗园展销中心。

a. 新华村村标：

设计理念：场地包括前广场区、建筑主体、后广场区和花卉组合区。前广场进行大面积铺装，以方便游客在此聚集。结合建筑自身的特点，为游客提供停留、拍照的场地。后广场由土丘、孤植的古树及景观花海构成。设计更加贴合自然，给游客提供了安静、生态、极具观赏性的景观空间。

新华村村标效果图

新华村实景

b. 红栗园展销中心：

设计理念：红栗园展销中心的整体设计简单大方、不呆板。为了打破屋顶的单调，将中间大厅的屋顶进行抬升，形成了主次关系。坡屋顶外挑 2.5 米，与建筑墙体之间形成了外廊空间。外廊和庭院有起伏变化的矮墙，并以红栗为原型，提取设计元素作为立面装饰。建筑正对院落，呈阵列排布。左侧有小型休息空间，可供游客短暂停留。停车道路从另一侧延伸至建筑背面，做到了人车分流。

红栗园展销中心效果图

　　⑦苟村（洗尘界）：位于菖溪河畔，属于宝轮镇管辖。逢年过节，此地的文昌宫香火不断，祈福乡民与游客络绎不绝。规划拟在原址基础上对文昌宫进行立面修复，并对其内部功能进行完善改造，结合周边环境与优势资源，将苟村打造成文墨小镇。

苟村村标效果图

苟村景观节点效果图

文昌宫的设计理念：新建的文昌宫依然保持了原来的样貌，墙身立面材料选用中国红涂料，防腐木作为承重结构。

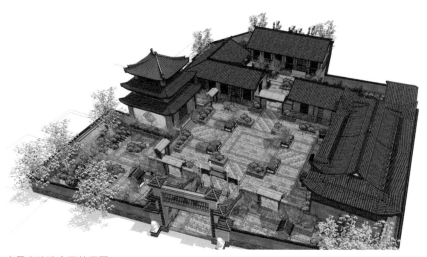

文昌宫改造全景效果图

文昌宫改造局部效果图

文昌宫节点效果图

　　文昌宫的院落布局：在庭院布局上，采用了三进院落制。入口大门和第二个牌坊之间形成了第一进院落。空间缩小，两侧为绿地活动小广场。通过牌坊，到达第二进院落，由建筑围合而成，其中绿篱、花池、灌木划分出小空间，丰富了广场元素。穿过第三个小门后便到达后院，形成第三进院落，空间顿时收紧。三个院落大小呼应，主次分明。在院落铺装上，使用当地材料，形式简单，贴合宫殿的整体氛围，增强了场所的趣味性。

　　⑧ 月坝村一二组（听云界）：详见第 28 ～ 55 页，此处不赘述。

　　⑨ 月坝湿地（揽月界）：详见第 55 ～ 64 页，此处不赘述。

3）利州区白朝乡——月坝村片区（西部山区）乡村全域旅游

　　在"宝七路"沿线提升改造的基础上，运用"以线带面，包装项目，引入社会资本"的策略，促进利州西部山区更大范围内的乡村经济发展。目前，白朝乡、宝轮镇、赤化镇各片区正在稳步推进基础设施与公共服务设施建设，为招商提供基础环境与便利条件。

　　到 2025 年，乡村旅游将成为白朝乡、宝轮镇和赤化镇旅游业重点产业之一，成为促进农业增效、农民增收和满足居民休闲需求的民生产业，缓解资源约束和生态文明建设的绿色产业，发展新型消费业态和扩大内需的支柱产业。将白朝乡发展成全区休闲农业与乡村旅游示范区、川北绿色乡村生活的有机样板，重点建设 10 个旅游特色产业村、旅游扶贫示范项目，培育 10 个市级乡村旅游与休闲农业示范点。

在对白朝乡月坝村片区的现状、周边旅游资源和市场需求等方面进行详尽分析的基础上，明确了整体区域的发展目标和发展定位，并通过居民点调控规划，将村庄发展规模分为发展型村落、搬迁型村落和控制型村落等三种。将村落发展方向分为特色小镇旅游发展村落、产业依托型发展村落、主题康养度假型发展村落、养老地产发展村落和服务配套型发展村落五种。规划内容还包括旅游公共服务设施规划、医疗点布局规划、导视系统规划等；策划了基础农业保民生项目，如食用菌基地、贡梨园、桃园和中药材种植基地；包装了两个旅游目的地景区、三大特色小镇与90余项独立文旅招商项目，如月坝康养小镇、白朝特色小城镇、苟村文墨小镇、百草园、书香茶苑、创意农博园和清境原舍等；通过3条旅游线路——蜀乡九界康养旅游发展线、月色山水休闲探秘线和花海石林怡情观景线，将所有项目串联起来。

蜀乡九界康养旅游发展线为月坝湿地旅游发展线、乡村风情游线，度假群体以自驾为主，游线和旅游时间灵活性强，度假休闲以牧场庄园和生态旅游为主。

月色山水休闲探秘线为户外运动爱好者量身打造，包含大众户外游线和专业户外游线。

花海石林怡情观景线为休闲赏景游线，针对大众休闲人群，以川北山乡花海为基底，结合特色景观石林，打造怡情悦目休闲游线。

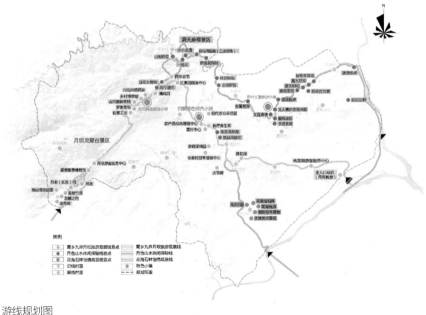

游线规划图

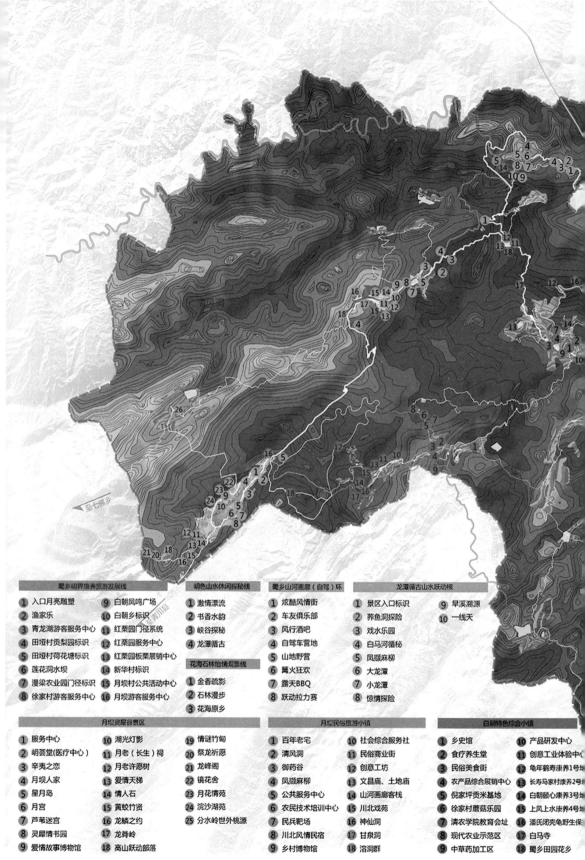

蜀乡明界康养旅游发展线				峡色山水休闲探秘线		蜀乡山河画意（自驾）环		龙潭循古山水跃动核	
① 入口月亮雕塑		⑨ 白朝凤鸣广场		① 激情漂流		① 炫酷风情街		① 景区入口标识	⑨ 旱溪溯源
② 渔家乐		⑩ 白朝乡标识		② 书香水韵		② 车友俱乐部		② 荞鱼洞探险	⑩ 一线天
③ 青龙湖游客服务中心		⑪ 红栗园门径系统		③ 峡谷探秘		③ 风行酒吧		③ 戏水乐园	
④ 田埂村贡梨园标识		⑫ 红栗园服务中心		④ 龙潭循古		④ 自驾车营地		④ 白马河循秘	
⑤ 田埂村荷花塘标识		⑬ 红栗园板栗展销中心				⑤ 山地野营		⑤ 凤攫麻柳	
⑥ 莲花洞水坝		⑭ 新华村标识		花海石林怡情观景线		⑥ 篝火狂欢		⑥ 大龙潭	
⑦ 漫梁农业园门径标识		⑮ 月坝村公共活动中心		① 金香疏影		⑦ 露天BBQ		⑦ 小龙潭	
⑧ 徐家村游客服务中心		⑯ 月坝游客服务中心		② 石林漫步		⑧ 跃动拉力赛		⑧ 惊情探险	
				③ 花海原乡					

月坝灵犀谷景区				月坝民俗旅游小镇		白朝特色综合小镇	
① 服务中心	⑩ 湖光灯影	⑲ 情迷竹甸		① 百年老宅	⑩ 社会综合服务社	① 乡史馆	⑩ 产品研发中心
② 峡荟堂（医疗中心）	⑪ 月老（长生）祠	⑳ 祭龙祈愿		② 清风洞	⑪ 民俗商业街	② 食疗养生堂	⑪ 创意工业体验中心
③ 辛夷之恋	⑫ 月老许愿树	㉑ 龙峰阁		③ 御药谷	⑫ 创意工坊	③ 民俗美食街	⑫ 龟年寿家村康养1号地
④ 月坝人家	⑬ 爱情天梯	㉒ 镜花舍		④ 凤攫麻柳	⑬ 文昌庙、土地庙	④ 农产品综合展销中心	长寿马家村康养2号地
⑤ 星月岛	⑭ 情人石	㉓ 月花情苑		⑤ 公共服务中心	⑭ 山河画廊客栈	⑤ 倪家坪贡米基地	白朝颐心康养3号地
⑥ 月宫	⑮ 黄蛟竹语	㉔ 浣沙湖苑		⑥ 农民技术培训中心	⑮ 川北戏苑	⑥ 徐家村蘑菇乐园	上风上水康养4号地
⑦ 芦苇迷宫	⑯ 龙鳞之约	㉕ 分水岭世外桃源		⑦ 民兵靶场	⑯ 神仙洞	⑦ 清农学院教育会址	⑬ 淄氏闭壳龟野生保护区
⑧ 灵犀竹贡园	⑰ 龙脊岭			⑧ 川北风情民宿	⑰ 甘泉洞	⑧ 现代农业示范区	⑭ 白马寺
⑨ 爱情故事博物馆	⑱ 高山跃动部落			⑨ 乡村博物馆	⑱ 溶洞群	⑨ 中草药加工区	⑮ 蜀乡田园花乡

游线总平面图

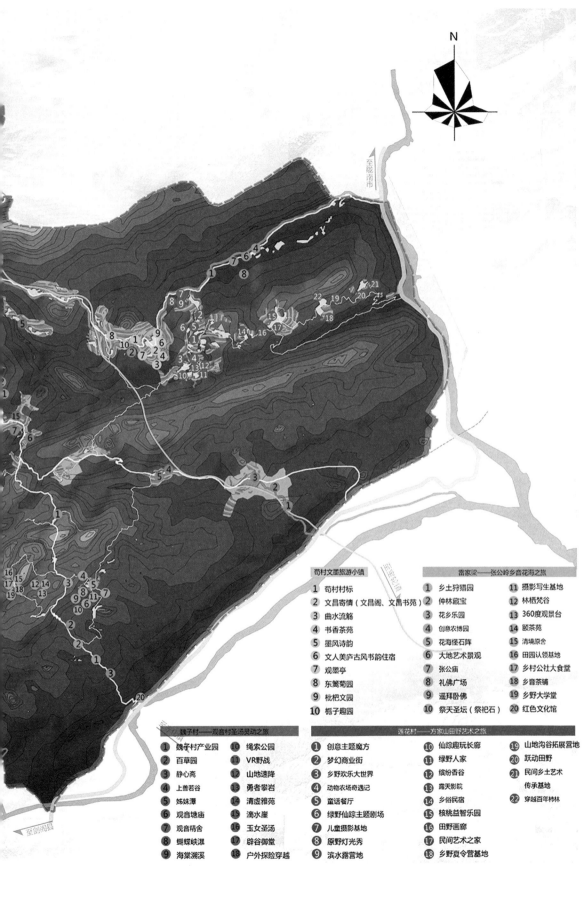

N

至苍南市

苟村文墨旅游小镇
1 苟村村标
2 文昌寄情（文昌阁、文昌书苑）
3 曲水流觞
4 书香茶苑
5 墨风诗韵
6 文人美庐古风书韵住宿
7 观墨亭
8 东篱菊园
9 枇杷文园
10 栀子趣园

富家梁——张公岭乡音花海之旅
1 乡土狩猎园　　　11 摄影写生基地
2 仲林藏宝　　　　12 林栖梵谷
3 花乐乐园　　　　13 360度观景台
4 创意农博园　　　14 颐茶苑
5 花海怪石阵　　　15 清境原舍
6 大地艺术景观　　16 田园认领基地
7 张公庙　　　　　17 乡村公社大食堂
8 礼佛广场　　　　18 乡音茶铺
9 遥拜卧佛　　　　19 乡野大学堂
10 祭天圣坛（祭祀石）　20 红色文化馆

魏子村——观音村圣汤灵动之旅
1 魏子村产业园　　10 绳索公园
2 百草园　　　　　11 VR野战
3 静心斋　　　　　12 山地速降
4 上善若谷　　　　13 勇者攀岩
5 姊妹潭　　　　　14 清虚雅苑
6 观音塘庙　　　　15 滴水崖
7 观音精舍　　　　16 玉女圣汤
8 蝴蝶峡漠　　　　17 辟谷御堂
9 海棠溯溪　　　　18 户外探险穿越

莲花村——方家山田野艺术之旅
1 创意主题魔方　　10 仙踪趣玩长廊　　19 山地沟谷拓展营地
2 梦幻商业街　　　11 绿野人家　　　　20 跃动田野
3 乡野欢乐大世界　12 缤纷香谷　　　　21 民间乡土艺术
4 动物农场奇遇记　13 露天影院　　　　　　传承基地
5 童话餐厅　　　　14 乡俗民宿　　　　22 穿越百年林栈
6 绿野仙踪主题剧场 15 核桃益智乐园
7 儿童摄影基地　　16 田野画廊
8 原野灯光秀　　　17 民间艺术之家
9 滨水露营地　　　18 乡野夏令营基地

至剑阁县

2.2.3 示范引领利州乡村振兴——利州区乡村振兴月坝村试验区

月坝村用了 4 年的时间，本着"系统乡建""把农村建设得更像农村"的规划理念，从一个无产业、无附加收入的"空心村"发展到如今以生态旅游服务为主的"康养地"，已经为全省乃至全国的乡村振兴之路提供了特色范例，并被选为第三届四川省村长论坛的主办地。利州区于 2018 年 8 月被选为四川省 22 个乡村振兴示范县（区）之一。因此，区委区政府继续委托月坝村项目的主创设计团队——中国城市发展研究院编制了《利州区乡村振兴规划》。该规划包含 1 个总体规划与 9 个专项规划，规划中明确了建设中国西部践行"两山"理念新高地、山区城乡融合发展标杆区、全省实施乡村振兴战略先进县（区）、天府旅游名县的总体目标；划定了"三区三线"，即生态、农业、城镇空间，生态保护红线、永久基本农田、城镇开发边界；提出了一带（城乡融合发展带）、两核（广元老城、三江新城）、三区（乡村田园康养度假区、现代农业三产融合区、都市休闲农业示范区）、四廊（赤化镇—白朝乡—宝轮镇乡村振兴走廊、龙潭乡—大石镇—荣山镇乡村振兴走廊、回龙河—上西街道—工农镇乡村振兴走廊、三堆镇—金洞乡乡村振兴走廊）的空间布局；确定了"生活富裕、产业兴旺、生态宜居、乡风文明、治理有效"5 个方面的 47 项指标；产业上提出了建设产业兴旺新乡村的实施路径，即"三园"联建（现代农业园、村特色产业示范园、户办小庭园）、"1+5"产业体系（休闲观光及乡村旅游产业、绿色果蔬、特色林果、生态养殖、中药材）、"1+3"经营体系（产业领军人、家庭农场、农民专业合作社、农业社会化服务超市）、做强"利州"品牌（利州香菇、利州红栗、杜仲山鸡）。

乡风文明方面提出了"文艺下乡""新人比赛""宣讲教育"等策略，生态宜居上提出了村庄分类的建设模式——城郊融合（73 个）、聚集提升（74 个）、特色保护（14 个）、撤并重组（6 个），明确了村庄等级——重点村（40 个）、一般村（121 个）、撤并重组村（6 个），以及垃圾治理、厕所革命、污水治理、村居村貌提升、畜禽粪污资源化利用的五大行动。

乡村治理方面，提出了七大工程：实施组织优化工程、实施骨干引领工程、实施人才支撑工程、实施服务提质工程、实施三治融合工程、实施堡垒先锋工程、实施责任保障工程。共形成了 7 个专项建设项目库，5 大项 444 个子项，估算

规划编制过程

《利州区乡村振兴规划》评审会

资金投入 623 亿元，为下一步实施工作的土地供应以及资金分配提供了参考依据。2018 年 11 月，利州区在全市率先启动乡村振兴月坝村试验区，与龙潭乡村振兴示范带和 14 个乡村振兴示范村并行建设，合力将利州区创建为四川省乡村振兴先行先试示范区。

2.3 落地实施

1）政府主导

乡村建设从规划到落地实施，若没有政府自始至终的主导引领，将变得寸步难行。政府的主导作用主要体现在以下几个方面：

利州区领导现场指导

其一，政府主导作用体现在统揽全局、提纲挈领。认真贯彻中央、省、市关于乡村振兴战略的一系列政策精神，结合本地区实际情况找准定位，坚持"高站位、能落地、争上游"的要求，通过全面深入考察和公开招标确定规划设计单位，及时调动各职能部门，做到各司其职。要求各参建单位不脱节、不越位，建立健全有效管理机制，引导各方面力量形成推动合力，有的放矢地使各项工作按计划有序进行。利州区委、区政府为此专门成立了由区主要领导任组长的专项领导小组，为乡建工作的顺利实施提供了有效保障。

其二，"兵马未动粮草先行"，搞建设资金到位是必不可少的。利州区委、区政府充分发挥投资公司和专业合作社有机结合的积极作用，在合法合规的前提下，确保资金及时到位。

其三，政府主导不等于越俎代庖。利州区委、区政府责成乡镇和村两委基层组织充分发挥堡垒作用，在尊重村民意愿的基础上因势利导，引导和激发广大村民的主观能动性，使村民自治的效能得到充分有效的释放。通过提供守家在地的劳动岗位、土地流转收益、闲置房屋租赁收益和全体村民分红等形式，让群众实实在在体会到获得感，形成自下而上、全心全意搞建设的大好局面。

利州区委、区政府按照实施乡村振兴战略的要求，多方寻求资源，取得了以月坝村为核心，辐射至周边宝轮镇、赤化镇现有农业园区在内的所有民宿、现代农业、乡村旅游、田园综合体等农业资源；规划面积约 280 平方千米，全面实施以月坝民俗文旅小镇为核心，以白朝特色康养小镇、苟村文墨旅游小镇为支撑，以 90 余个独立招商的建设项目为补充的大月坝全域旅游目的地；申报国家级特色小镇以及全域旅游示范区项目，成为四川省 22 个乡村振兴示范县区的重要成绩。

2）干部带头

千里之行始于足下，再大的规划蓝图也要从头干起。中国乡村的特殊性在于千百年来的生活、生产方式所形成的文化肌理。村民自治是乡村社会特有的组织形式。想要鼓舞村民群众朝着一个方向共同努力，简单的行政干预是行不通的，村两委的基层干部带头干能够起到事半功倍的效果。

村干部宣讲规划方案　　　　白朝乡领导现场指导

关键时刻，村支书吴光成当起了月坝村"第一个吃螃蟹的人"。为征得家人的支持，吴支书不厌其烦地对家人描述乡村建设的美好前景，可谓动之以情、晓之以理。"精诚所至，金石为开"，最终吴家成为月坝村第一个进行民宿改造的示范户。自己做到了，身板就硬了，吴支书及时向村民群众"现身说法"，把自家房屋改造中的点点滴滴毫无保留地介绍给大家，鼓励村民大胆尝试。星星之火可以燎原，三户、五户……最终月坝村 177 户中 52 户村民的房屋顺利地得到改造或重建。付出终有回报，吴支书家的民宿在开业当年便实现了 10 万余元的增收。

在月坝村的环境整治过程中，村两委干部同样也走在最前头。他们积极组织村民成立"火钳军"（用火钳捡垃圾），到村里的田间地头、院坝街巷、山林河道开展捡垃圾活动，并形成制度坚持下来。为了将垃圾分类落实到每家每户，村两委干部组织村里的小学生在家里宣讲垃圾分类的意义，同时将每家的垃圾分类情况作为评选"五好家庭"的重要依据。在干部、群众的共同努力下，月坝村的村容村貌焕然一新。

"少说多做，整点儿有用的"成为利州区基层干部的口头禅，他们的实际行动成为"只要思想不滑坡，办法总比困难多"的生动写照。基层干部带领村民群众通过环境改造、产业发展实现精准脱贫，齐心协力攻坚克难，把各项重任在既定的时间内落实到位，脚踏实地稳步推进乡村振兴。在此过程中，涌现出一大批优秀共产党员，他们是乡村振兴工作的排头兵，他们在施工前线日夜拼搏，抑或在办公室、家中伏案操劳的敬业精神深刻影响着村民群众，并将成为持续推进乡村振兴的恒久动力。

3）村民自愿

村民自愿来自于能够给予村民群众看得见、摸得着的美好生活。从看不懂、不理解到心甘情愿、积极主动地参与到乡建中来，这需要一个循序渐进的过程。

村民自主参与民宿活动

首先要树立并强化村民的主体地位，由政府规划设计以及投资公司等参建单位共同研究并指导，村两委将党员代表和村民代表组织起来共同成立专业合作社，与村民签订合作协议，消除村民的顾虑，给予他们充分的话语权，使其真正感受到乡村建设是依照自己的意愿一步步实现的。

其次要解决村民对乡村建设没有概念、不知道如何参与的问题。途径是走出去，开眼界，解放思想。规划设计团队与政府等参建方一起，积极联系有成功案例的地区，带领村民代表先后多次前往袁家村、郝堂村等地进行实地考察，认真学习成熟经验，不断探索解决问题的方法，最终形成能够适应本地发展的乡建理念和经验。

再者是信心和信任的问题。众所周知团结就是力量，乡村建设落地实施单凭某一方面的力量是无法实现的，需要方方面面的资源和力量汇入进来，共同努力才能实现。遵循求同存异、和而不同的原则，不断树立村民的信心，加强互信，即使财力有限，众志成城时，民力却是无限的。

4）专家指导

术业有专攻，落地实施过程中的诸多专业问题需要各方面专家的指导与支持，这也是保证落地实施本身具备前瞻性、科学性和延续性的必要条件。

城乡统筹委专家团队现场指导

通过邀请专家学者深入到现场进行调研指导，针对专项和整体规划的实际问题组织专家召开评审会，举行各种专家座谈讨论等形式，使利州区乡村建设的落地实施工作始终保持正确的方向。在此期间，先后有李兵弟、严奉天、孙君、靳志强、李宁、林纪、孙晓阳等专家学者多次给予了帮助与支持。

5）陪伴式服务

设计师要与乡村的干部群众打成一片，这是中国城市发展研究院对于设计师驻场的基本要求。为了摒弃以往设计师坐在办公室里，拼凑数据、涂涂画画，方案一交万事大吉的不良工作作风，首先要求设计师深入到建设一线中去，去适应那里的生产、生活方式，把自己打磨成当地人。为淬炼出合格的乡建设计师，中国城市发展研究院提出"要么炼好，要么炼跑，宁缺毋滥"的工作要求，并以此作为选拔队伍的重要依据。

驻场设计师现场指导

驻场设计师要勇于打破书本里的条条框框，以村民为师、以自然为师、以实践为师，务必做到设计方案是从这片土地中"生长"出来的，让村民对设计方案听得懂、学得会、干得了。

为了交出让利州区干部群众满意的设计方案，深入调研是必修课。测量工具、调查问卷、工作笔记等最原始的工作方式也是最有效的。为了某个节点的设计更加完善，设计师要反复推敲琢磨，不断与干部群众沟通讨论，在一千多个日日夜夜中，风里雨里、挑灯夜战已成为设计师的家常便饭。电脑里上千GB的设计资料记录着每一个设计师的责任与担当。

设计师根据实际使用需求以及现场条件及时调整设计方案，百分百做到量身设计，既要保证设计风貌统一，又要做到各具特点。同时制定四方（建设方、村民、设计方、施工方）确认单，会同各方进行多次沟通，反复研究，只为做出只属于本村的设计方案。

6）实施成就

截至 2019 年初，已全面建成 30.4 千米的"宝七路"工程，完成 100 公顷月坝湿地核心区修复，"正月十五"等 22 户精品民宿已基本具备接待能力，并初步建成种植规模达 500 万袋的食用菌基地、100 余公顷的贡梨园、4 公顷的桃园和 53.3 公顷的中药材（石斛等）种植基地。经济效益、社会效益和生态效益初步显现，有效辐射带动周边 12 个村持续稳定增收脱贫。农民技术培训中心、民宿、精品酒店、游客服务中心等各类大大小小的建设项目完善了白朝乡的公共服务体系，乡村公路、通信、污水等基本生活设施已逐步实施到位，设计与建设标准均向城市看齐。

3 产业振兴 运营前置

3.1 生态康养旅游产业——挖掘资源：首个省级高山湿地

在习近平总书记关于"绿水青山就是金山银山"科学论断的指导下，2014 年区委、区政府提出"月坝村省级湿地保护小区"的建设目标，主要计划用 3~5 年的时间，将其建成全省重要的高山湿地保护研究基地、湿地科普教育基地和湿地度假旅游目的地。2015 年，又基于全区精准扶贫工作的实践需求，针对白朝乡贫困率高的现状及产业发展单一、基础设施薄弱等实际情况，进一步提出了依托月坝高山湿地保护小区建设"月坝旅游新村"的思路，通过培育乡村旅游这一支柱产业，带动周边群众脱贫奔小康。2016 年，按照广元市委七届二次全会《关于推进绿色发展实现绿色崛起建设中国生态康养旅游名市的决定》的部署，聚焦做亮广元生态康养旅游的"新名片"、打赢精准扶贫攻坚战、融入"三江新区"和"大九寨"旅游环线的长远规划，正式提出了"月坝生态康养旅游特色小镇"的建设构想。2017 年，区委、区政府着眼贯彻省委"绿化全川"的战略部署，提出建设"森林小镇"的目标，充分依托现有森林资源，推进月坝高山湿地保护小区和月坝新村建设。党的十九大以来，在区委、区政府积极争取"全省乡村振兴规划试点县"工作的开展背景下，2018 年 4 月，区委、区政府决定将月坝特色小镇申报并建设成广元市利州区乡村振兴月坝村试验区。月坝特色小镇的发展再一次迎来新的历史机遇。

如今，月坝高山湿地保护小区位于利州区白朝乡月坝村五组境内，距广元中心城区 60 千米，湿地最低海拔 1420 米，被誉为"离月亮最近的地方"，又因其四面环山、形似满月而得名"近月湖"。"月映湖水静,月明湖影中",有翘首可得月之意境。

月坝高山湿地于 2015 年 5 月被四川省林业厅审批为全省第一个省级高山湿地保护小区,授权利州区政府审批湿地规划和探索湿地的保护、开发等工作。湿地总面积 12 平方千米,其中核心区 2.5 平方千米,主体功能区 5.5 平方千米,常水面 66.6 公顷,沼泽地近 133.3 公顷,分为深水区、中水区、浅水区和沼泽区四个区,最深水深 8 米,周围森林清秀,溪水潺潺,坝内水草丰茂、鸟飞鱼跃,5.5 千米环湖路缠绕如玉,10.2 千米游步道在林中散落交错,2 千米栈道悬浮,是纯天然的氧吧,也是休闲避暑的首选地。

为了恢复月坝高山湿地,对湿地内的 12 户村民进行了整体搬迁,统一规划、统一设计、统一经营,建成正月十五民宿,院内民居青瓦白墙,穿梁斗拱、错落有致的建筑结构颇具川北民居特色。正月十五民宿院内设有 3 家餐饮店、1 家烧烤店、1 家茶楼、7 家住宿(共 58 个床位),是追风赏月、静心养神的绝佳之地。这里有淳厚的乡村民俗、丰富的山珍农货、温暖的风土人情,闲居客栈,畅享"揽湖帘卷三分月,迎客门开四面山"的月乡悠然生活,是归隐乡野、置身田园的静修胜地。

正月十五民宿大院全景

3.2 三产融合、三效并重

3.2.1 特色小镇建设基本情况

月坝特色小镇（核心区）位于利州区白朝乡月坝村内。白朝乡是利州区最为偏远、贫困程度最深的贫困乡，2014年底，精准识别贫困村7个、贫困户351户1318人，贫困发生率高达21.2%，约高出全区10个百分点。2015年初，着眼实现脱贫摘帽与同步小康的统筹衔接，整合配套月坝高山湿地保护小区修复资金2000万元、农业发展银行易地扶贫搬迁贷款1.5亿元等专项资金，利州区正式启动包含道路、产业、民居等50个配套工程在内的月坝特色小镇建设项目，总投资3.5亿元。

3.2.2 特色小镇建设主要做法

（1）始终站高谋远，以主动把握政策机遇的先人之机找准发展定位。

月坝特色小镇的最初建设构想源于2014年提出的"月坝村省级湿地保护小区"的建设目标。2018年4月，利州区委、区政府决定将月坝特色小镇申报并建设成广元市利州区乡村振兴月坝试验区。

（2）始终坚持标准不变，以高起点高质量的超前理念启动项目规划建设。

在初期规划时，区委、区政府就着眼长远，在规划设计单位的选择上，择优选择了经验丰富的中国城市发展研究院作为规划设计单位。践行"绿十字""把农村建设得更像农村"的整体建设理念和"保护优先、科学恢复、合理利用、持续发展"的实地修复原则，实现以保护促发展、以发展促保护的良性循环和可持续利用。在特色小镇建设上，提出了"景村一体、产村共建、规划合一""独可成景成业，合则更兴更盛"的原则，科学整合"自然、人文、农业"资源，对月坝特色小镇建设进行系统长远的规划设计。这些新理念、新思想也深入贯彻到了月坝特色小镇建设的全过程。在项目建设中，利州区引入新农村建设经验丰富的中国农道联盟的工匠团队，对项目进行高水平建设。

（3）始终注重探索创新，以建设实践全环节的新机制新模式推动先试领跑。

始终坚持"以人民为中心"的思想，按照"高质量发展"的要求，在项目策划、规划、立项、建设、营运、管护等关键环节下"绣花"功夫，在资金投入、土地利用、运营管理上另辟蹊径，走出了一种"策划—规划—建设—运营—管理"

一体化的模式。

一是搭建区级投融资服务平台。通过与商业金融机构合作，以区属国有投资公司为载体，以保险及担保为风险防控手段，构建起"金融机构＋国有企业＋保险（担保）公司"的投融资平台。月坝特色小镇的建设资金由广元市利州区利元国有投资有限公司（以下简称"利元国投公司"）、利慧旅游开发有限公司依据扶贫政策分别向银行申请贷款解决。

二是探索多元主体投入机制。在资金的投放上，利州区始终坚持"政府投入基础设施，撬动社会资本进入"的思路，创新构建以股权为纽带的"合作社＋农户＋企业"的多元主体的混合投入机制。其中，政府根据政策配套基础设施建设资金，通过强化基础设施建设逐步优化投资和发展环境；国有企业投入资金3500万元，入股月坝富民专业合作社，成为村集体经济组织的股东；村集体经济组织（月坝富民专业合作社）将村集体闲置的学校、村委会等经营性资产入股利元国投公司，成为国有企业的股东；122户农户以承包的耕地、林地，52户农户以闲置农房20年经营权（面积折股）入股合作社，成为村集体经济组织的股东。合作社出资对农户闲置房按照民宿功能（餐饮、住宿）装修，初步实现了对农民宅基地所有权、使用权、资格权的"三权"分置。截至目前，累计投入建设资金3亿余元。

三是探索农村土地收储机制。在不突破土地政策红线的前提下，由国土部门按照土地利用规划调整村集体建设用地指标，通过土地整理、城乡建设用地增减挂钩等方式，实现土地占补平衡。利元国投公司按照土地征收标准先行收储土地26.6公顷、林地186.6公顷，在优先满足月坝特色小镇建设用地指标的前提下，将富足的建设用地指标用于城乡建设用地增减挂钩，实现资源变资本、资本变资金。目前，利元国投公司已将富足的建设用地指标按程序办理城乡建设用地增减挂钩，可望实现土地收益2亿元，基本收回投资成本。

四是探索"统一管理、独立核算"的运行机制。小镇建成后，由独立运营公司统一管理、分配客源，利元国投公司、合作社对各自资产效益进行独立核算。当前，由利元国投公司、合作社共同委托成都单元文创旅游资源开发有限公司开展推介宣传、人才队伍建设、规范管理等前期管理营运，逐步提升小镇运营主体的运营能力。在管理统一的前提下，利元国投公司独立经营月坝景区、培训中心、景区酒店、月坝客栈等资产，年末在提取公积金、公益金及小镇维护基金后，对形成的收益按股分配给村集体经济组织；月坝富民专业合作社独立经营乡村民宿、老街商铺、农夫集市等资产，年末利元国投公司、合作社、农户（股东）按股权分配经营收益。

五是探索"永久免租、营业抽成"的招商机制。商户入驻后，第一年免抽成、第二年开始差异化抽成（按经营类别，不低于营业额的7%），该机制有利于降低商铺前期的投入压力，培育商户稳定的经营能力。2019年，已成功签约累计金额达25亿余元的投资意向协议。3家商户已装修入驻、5家即将开始装修，另有11家商户明确了经营意向。

通过前期的探索实践，月坝特色小镇建设充分释放了"带动"效应，国有资本带动了集体经济的发展，村集体经济组织带动了农户的发展，核心区带动了辐射区的发展；充分践行了"融合"理念，小镇以康养旅游为核心产业、以生态养殖等其他产业为辅助产业，互相促进、互为依托、互为补充，实现产业融合发展；充分发挥了"共赢"模式，国有企业实现了"资金—资源—资产—资金"的收益循环。这也有力助推了四大建设目标的实现。第一个目标是带动农民增收。通过流转盘活农户民居、土地等闲置资产，由合作社统一营运管理，农户能够实现资产租金、股权分红两笔收入；通过企业、集体、商户用工，农户可以获得岗位用工收入。2019年通过试运行，累计接待游客1.5万余人（次），实现营业收入200余万元，带动农民人均增收1000余元。第二个目标是壮大集体经济。通过专业合作社参与管理村级事务，既提升了村级队伍的管理水平，更持续做实、做大、做强了村级集体经济，促进村级组织基层治理能力的提升。第三个目标是发展国有经济。通过利元国投公司参与月坝特色小镇建设，一方面助力推进了脱贫攻坚和乡村振兴工作；另一方面通过投资基础设施和资产营运，确保了国有资产的保值增值。第四个目标是撬动社会资本。通过政府改善基础设施，优化投资环境，不仅使收储的土地资源产生了溢价收益，还成功激发了市场竞争机制，吸引广元盘古建设工程有限公司、江苏盐城大丰荷兰花海景区等社会良性资本投资建设营运，实现了由"政府大包大揽"向"市场化配置资源"的转变。

3.2.3　关于特色小镇建设的思考和启示

月坝特色小镇的实践探索，带给利州区的人们一系列思考和启示。

（1）谋划务必高起点。

月坝村是利州区禀赋最好的康养旅游资源，与龙潭、荣山等地相比较，月坝村周边具备规模化土地开发的基础和条件。在项目谋划之初，中国城市发展研究院就提出必须发挥财政资金"四两拨千斤"的杠杆作用，以少量的政府性必需基础设施投入，带动社会资本和群众自投，实现良性可持续发展的理念。事实上，月坝村目前的推进成效已初步达到初期预想，在3.5亿元政府性投入中，以整合上级非均衡性转移支付资金、专项建设基金为主，进而带动周边土地的溢价，短期内即可盈利。

（2）规划务必请专家。

若想使好的资源变成好的资产，前提是必须有好的规划，进而再把好的规划落地，再美的蓝图不能落地，最终都是空中楼阁、纸上谈兵。从项目实施伊始，利州区就聘请国内从事农旅特色小镇建设实力雄厚的专业团队进行策划、包装和规划。中国城镇化促进会城乡统筹委在国内主要实施了河北阜平美丽乡村、河南信阳郝堂村、湖北大悟金岭村、山东微山下辛庄、湖北谷城堰河村、北京延庆都市新村等多个成功案例，其"把农村建设得更像农村"的理念高度契合了"看得见山、望得见水、记得住乡愁"的要求，主要建筑材料均是就地取材，主要风格主要挖掘本土乡建传统风格，在规划方式上因地制宜。主要节点景观均按照景区要求和规范进行，最大限度地缩短了培育时间，实现景区发展。

（3）推进务必出高招。

月坝特色小镇建设主要采用"合作社 + 农户 + 企业"的方式进行，政府性投入一律以利元国投公司入股方式进行，所有工商资本进入后的溢价部分，均由国有企业和集体经济按股份进行分红，既解决当期投入的问题，也最大限度地实现了国有资本、集体经济、社会资本和农民个人的多方共赢，更能为适应今后农村土地开发方式转变探索出一条新路。同时，月坝特色小镇项目的实施彻底打破了过去招商引资要价过高的局面，快速唤醒了"沉睡"的资源，非耕地价值已经从"零"快速升值到450元/平方米左右，小宗地市场预测价已近1200元/平方米。随着项目的继续实施，经济价值将明显显现。

3.3 月坝村 IP 系统打造

3.3.1 导视系统设计

标志释义：月坝村房屋的建筑特色代表人间烟火；高端民宿湖面倒映山影，代表月坝村丰富优质的自然资源；整体是爱心，寓意蛟龙守护的千年真挚爱情。

山水为之"形"　　蛟龙为之"魂"　　新月为之"情"

月坝村标志效果图

月坝村导视系统主题风格效果图

970mm

3670mm

700mm

250mm

浮雕的logo主形象
强化月坝村品牌意识

亚克力立体字

仿石板材
代表月坝村群山环保

木纹管材
代表月坝村自然植被丰富
环境幽美

320mm

320mm

仿木UV板转印（下同）

← 红栗园
Yueba Lake

月坝湖 →
Yueba Lake

← 香菇园
Yueba Lake

露营区 →
Yueba Lake

转印纹样（下同）

2290mm

月坝村街道路牌设计规范效果图

月坝村街道路牌和公共设施实景

3.3.2 视觉识别（VI）系统设计

月坝村产品创意核心：通过统一风格，实现产品的一体化和品牌化；创意主题画面，展现月坝村的丰富资源和优美故事；创新包装形式和精细包装材质，打造高端产品品牌。

以创新版画形式，结合月坝村"月"的造型，将月坝村的风景、资源、民俗进行整合，质朴中传递时尚，简单中蕴藏魅力，提升月坝村整体资源价值。

仙果迷踪　　　　　　　珍奇天物　　　　　　　山里人家

月坝村产品创意效果图

月坝村产品包装效果图与实景

相识月坝　　　　　　　相知月坝　　　　　　　相守月坝

月坝村 IP 开发：黄蛟龙守护爱情

月坝村土产蜂蜜效果图

4 共同富裕 模式创新

4.1 月坝村产权改革

在月坝特色小镇建设的初期，白朝乡在思考建成后如何管理的问题。为了打造月坝品牌，树立诚信经营理念，抵制不良竞争，加强运营管理，2016年10月，作为月坝特色小镇经营主体的月坝富民专业合作社组建成立，经过两年多的发展、实践、论证，白朝乡探索出了"合作社＋农户＋企业"的经营管理模式。

合作社成立初期，摸清家底很重要，月坝村闲置资产主要为：山林、土地资产，闲置房屋资产，公共房屋资产。白朝乡确立了村民闲置资产激活原则，即小镇内的民居一部分是原址统一装修改建，一部分是"统一调整宅基地，统一规划设计，统一修建装修"。通过合作经营的模式，村民享有宅基地上房屋的所有权，富余房屋的使用权量化入股到合作社，使村民闲置房屋变成"固定资产"获得收益。月坝富民专业合作社对这三类资产造册登记，量化股权，股权有了底，后续工作也就有迹可循了。

4.2 合作社运营模式——合作社＋农户＋企业

在建设中，明确了"二元建设主体"，利元国投公司通过向月坝富民专业合作社注资 3500 万元，用于征收项目建设所需土地及小镇内核心区的土地林地资源，取得在小镇内项目建设的主体权利，得以建设游客中心、乡村振兴学院、罗家小学改造等国有资产以及道路、通信等基础设施。月坝富民专业合作社则通过将土地、林地等资源变成资本，得以建设精品民宿、农夫集市、卫生室、村委会等集体资产。罗家老街民宿框架由农户出资修建，装修由利元国投公司和农户各出资 50%（由利元国投公司出资，运营后农户每年分红的 20% 返还公司），建设民俗乡居洋楼，楼房落成后，农户获准经营农家乐，价格、质量、服务由合作社实行标准化统一管理，走"抱团取暖"的繁荣发展之路。

月坝村村民将闲置的房屋、山林、土地等资产量化入股合作社，全村有股东 177 户。月坝村建立领导职责与管理机制、管家管理机制、奖惩机制等配套管理机制。2018 年广元市乡村治理改革试点工作在月坝村开展，这是广元市第一个也是目前唯一一个乡村治理改革试点。借着试点工作的开展，合作社对全体股民开展道德积分制管理，通过量化道德积分实现奖惩分明。月坝村探索建立"2224"红利分配机制，即每年拿出红利的 20% 分给股东，20% 分给集体经济组织成员，20% 注入村集体经济，40% 作为滚动发展资金，分红机制的建立为合作社持续发展奠定了基础。

4.2.1 积分内容

村民积分由基础积分、村民民主评议积分和贡献积分三部分构成，基础积分 80 分，村民民主评议积分 20 分，贡献积分最高不超过 20 分。积分考评以家庭为单位，实行一户一档，积分终身有效，不清零、不作废。

1）基础积分

共八项，每项设置基础分 10 分，达到要求的得基础分，具有加分情形的按实加分，扣分为否定式扣分，即村民存在任何一项扣分行为，则该项基础分为 0 分，并扣减相应分值，基础分、加分和扣分合计为最终考评得分。

（1）学习培训（10分）。

要求：村民必须积极参加村两委组织的各类会议，认真参与农民夜校及其他种养殖技术培训，严格遵守会议、培训纪律要求，主动做好学习笔记。

加分：① 熟练掌握培训技术并为村民带头讲学的，得1分/次；② 对教学提出建设性的意见并被采纳的，得1分/次；③ 主动讲感受、讲党恩的，得1分/次；④ 其他情节需加分的，由村两委研究经村民代表大会同意后以加分。

扣分：① 不遵守课堂纪律的，扣1分/次；② 无故缺席学习培训的，扣1分/次；③ 其他情节需要减分的，由村两委研究经村民代表大会同意后予以扣分。

（2）勤劳致富（10分）。

要求：村民必须发扬勤俭节约、吃苦耐劳、自力更生、勤劳致富的优良传统，坚决杜绝"等、靠、要"的思想行为，积极发展种养殖产业和在外务工。

加分：① 积极主动发展种养殖产业、达到一定规模、户人均年收入在1万元以上的，在外务工户人均年收入达到2万元以上的，得3分；② 自己发展产业、形成规模成为致富带头人并带动群众增收致富的，每带动1名本村群众增收，得3分；③ 自己在外合法务工，每带动1名本村群众增收致富的，得3分。

扣分：① 故意破坏或者阻碍全村产业发展的，扣3分/次；② 缺乏自力更生意识、好逸恶劳、有"等、靠、要"思想行为的，扣5分；③ 家庭成员有明显超出家庭收入的支出行为的，扣3分/次；④ 有违反村规民约约定大办宴席的，扣3分/次；⑤ 其他情节需要减分的，由村两委研究并经村民代表大会同意后予以扣分。

（3）孝老爱亲（10分）。

要求：村民必须主动承担赡养父母、抚养子女的义务，夫妻之间关系和睦，妯娌之间、邻里之间互相帮助。

加分：① 因积极赡养、关心照顾父母在全村得到认可并被表彰奖励、具有模范作用的，得3分/次；② 关心关爱、教育子女成长成才，子女获得学校及其他部门机构表彰奖励、具有模范作用的，得3分/次；③ 夫妻因照顾身体残疾、患病一方在全村得到认可并被表彰奖励、具有模范作用的，得3分/次；④妯娌、邻里互相照顾、和睦共处得到全村认可并被表彰奖励、具有模范作用的，得3分/次；⑤其他情节需要加分的，由村两委研究经村民代表大会同意后予以加分。

扣分：①发生不主动承担赡养、抚养义务行为的，扣3分/次；②发生家庭暴力行为的、遗弃患病夫妻一方行为的，扣2分/次；③邻里之间、妯娌之间发生矛盾，不按正常程序寻求村两委调解而发生双方吵骂、打架行为的，扣2分/次；④其他情节需要减分的，由村两委研究后经村民代表大会同意后予以扣分。

（4）遵纪守法（10分）。

要求：村民必须拥护中国共产党的领导，遵守国家法律法规和村民自治章程、村规民约，自觉践行社会主义核心价值观。

加分：①依法有序向村两委及上级反映诉求的，得2分/次；②积极举报他人违法乱纪并经公安机关确认表彰奖励的，得3分/次；③积极宣传法律知识、主动化解村民矛盾的，得2分/次。

扣分：①家庭成员因违法犯罪行为，被公安机关依法打击处理的，扣2分/次，被法院判刑的扣3分/次；②家庭成员有违反社会主义核心价值观行为、被曝光产生不良影响的，扣3分/次；③不按照程序越级上访的、无正当理由上访的、非法上访的，扣2分/次；④其他情节需要减分的，由村两委研究经村民代表大会同意后予以扣分。

（5）诚实守信（10分）。

要求：村民必须诚实劳动、信守承诺、诚恳待人。

加分：①村民主动偿还国家政策性贷款和扶持资金的，得2分/次；②有拾金不昧等诚信行为、被他人及有关部门机构表彰奖励的，得3分/次；③有其他情节需加分的，由村两委研究经村民代表大会同意后予以加分。

扣分：①发生生产和销售假冒伪劣产品的行为、被有关部门机构处罚的，扣3分/次；②进入全国法院失信被执行人名单的，扣3分/次；③无正当理由并且不主动偿还国家政策性贷款和扶持资金的，扣3分/次；④发生不如实配合上级部门检查督查行为的，扣3分/次；⑤其他情节需扣分的，由村两委研究经村民代表大会同意后予以扣分。

（6）环境卫生（10分）。

要求：村民必须保护环境、爱护家园，主动搞好房前屋后的环境卫生，自觉提高个人卫生意识。

加分：① 积极配合参与整治村庄环境、建设户办庭院被村民认可并得到表彰奖励的，得2分/次；② 其他情节需要加分的，由村两委研究经村民代表大会同意后予以加分。

扣分：① 发生未批先建、少批多建、违章建房行为的，扣2分/次；② 破坏公共财物、损坏公共设施的，扣2分/次；③ 乱倒乱堆杂物垃圾、破坏村庄环境卫生的，扣2分/次；④ 焚烧秸秆造成环境污染的，扣2分/次；⑤ 破坏生态环境行为的，扣2分/次；⑥ 在家庭环境卫生评比中排名后10位的，扣1分/次；⑦ 其他情节需要减分的，由村两委研究后予以扣分。

（7）文明守礼（10分）。

要求：村民必须遵守公共秩序、乐于奉献、举止文明、穿着得体、礼貌待人。

加分：① 因家庭成员遵守文明公约被个人及部门机构表彰奖励的，得2分/次；② 其他情节需要加分的，由村两委研究后予以加分。

扣分：① 因家庭成员违反文明公约的行为被他人投诉经调查属实的，扣3分/次；② 其他情节需要减分的，由村两委研究后予以扣分。

（8）参与公益（10分）。

要求：村民必须积极支持村两委工作，积极参加慈善捐助、志愿服务等公益活动。

加分：① 积极参与公益行为活动被他人及有关部门机构表彰奖励的，得3分/次；② 其他情节需要加分的，由村两委研究后予以加分。

扣分：① 不配合村两委管理或者不支持村两委工作的，扣2分/次；② 无正当理由拒不参加村两委安排的公益活动的，扣2分/次；③ 其他情节需要减分的，由村两委研究经村民代表大会同意后予以扣分。

2）村民民主评议积分（20分）

对村民遵守村规民约、社会公德、家庭美德、个人品德，抵制各种歪风邪气等情况，各村每年"七一"前后和春节前各组织一次由党员、村组干部、村民代表、村务监督委员会成员参加的村民民主评议，评议结果计入村民积分。半年评议积分 =（"好"票数 ×1+ "一般"票数 ×0.6– "差"票数 ×0.4）÷总票数 ×20。

3）贡献积分（上不封顶）

主要采取村民自主申报和群众提议的方式进行，根据发挥作用情况予以加分。贡献奖励加分每半年组织认定一次，主要有以下方面：

（1）创先争优：获得村级、乡级、区级、市级及以上表彰的，分别按 2 分、3 分、4 分、5 分加分。

（2）见义勇为：① 同正在实施的危害国家安全、公共安全或者妨害社会管理秩序的违法犯罪行为进行斗争的，加 5 分 / 次；② 同正在实施的侵犯国家利益、集体利益或者他人合法权益的违法犯罪行为进行斗争的，加 5 分 / 次；③ 发现在逃或者被通缉的罪犯、犯罪嫌疑人，协助公安机关抓获的，或协助公安、国家安全和司法机关侦破重大犯罪案件的，加 4 分 / 次；④ 在抢险救灾中，为保护国家财产、集体财产和他人生命财产做出重大贡献的，加 5 分 / 次；⑤ 在他人遇险时救死扶伤的，加 3 分 / 次。

（3）志愿服务：积极参加帮贫解困、抗震救灾、抗洪抢险等救援工作的，加 3 分 / 次。

（4）在其他方面发挥模范带头作用需要加分的，由村两委研究后视情况予以加分。

4.2.2 积分程序

成立白朝乡村民积分考评工作指导组，由乡党委书记、乡政府乡长任组长，乡党委副书记和乡党委班子其他成员任副组长，各站办所负责人及各村两委负责人为成员。领导小组办公室下设乡社事办，负责日常管理工作。村民积分制管理由村两委具体负责组织实施，以 1 个年度为周期，一季度一通报、半年一次民主评议和贡献积分认定，全年汇总公示，具体程序为：

1）积分收集

村民参加村里统一组织的各类活动情况，由各村及时登记并核算积分。村民贡献情况，由村民代表收集、群众提议或由村民本人、群众直接向村两委提出。

2）组织审核

村两委每季度召开一次村民代表大会，对每户的基础积分情况进行通报并认定（程序为通报每名村民积分事项，村民进行补充，其他村民发表意见，无异议后汇总）。每半年组织全体村民、村民代表、村务监督委员会成员进行一次村民民主评议和贡献积分认定，结果计入村民积分。驻村干部负责所联系村的村民积分制指导，开会时要到会指导并审核签字。每半年最后一个月的月底，要将村民积分通过公示栏、村民（代表）大会通报，同时报乡民政所备案。

3）积分汇总

每个积分周期结束后，各村将每户的基础积分、村民民主评议积分和贡献积分进行汇总，确定每户年度积分结果。年度积分结果要通过公示栏、村民（代表）大会、微信群等途径进行公示，并反馈给村民本人，无异议后报乡社事办备案。

4.2.3 结果运用

1）评定标准

年度考评得分 60 分以上的家庭为合格家庭。对合格家庭按照累计平均积分高低进行星级家庭评定：100 分以上家庭为五星级家庭，90 ～ 100 分为四星级家庭，80 ～ 90 分为三星级家庭，评选结果在村民（代表）大会上公布。

凡家庭成员中有以下行为的，不论积分高低，一律取消星级家庭评选资格，并按照有关规定组织处理或纪律处分：① 组织参与群体性事件；② 违反食品安全、环境保护、土地管理等法律法规；③ 在村级换届及其他各类选举中搞非组织活动；④ 组织、参加邪教活动和封建迷信活动；⑤ 其他违反村规民约和相关法律规定的严重行为。

2）获得星级称号的家庭

（1）优先安排享受各类惠民政策，授予荣誉证书，考评结果将在光荣榜和村务公示栏上公布。

（2）三星及以上的星级家庭可申请最高 10 万元的贷款授信额度。

（3）在家庭成员参军、入党等方面村两委出具星级评定意见。

3）被考评为合格的家庭（年度考评得分在 60 分以上的家庭）

当年积分评定结果与各村集体经济收益分红挂钩，实行得分优劣奖惩机制，积分越高者得利越多，积分越低者则得利越少，具体标准由各村两委会同村民代表商议决定。

4）被考评为不合格的家庭（年度考评得分在 60 分以下的家庭）

（1）取消各类村级及以上先进荣誉称号，不予推荐评先评优。

（2）村组审核贷款时，如实反映其诚信度。

（3）不良信息记入入党、入伍、入学等相关调查材料。

（4）在村务公示栏实名通报。

（5）实行党员帮联制度，指导其整改。

4.3 人才培养和引入

习近平总书记提出"乡村振兴，人才是关键"，合作社的运营同样离不开人才支撑。

（1）畅通引才通道，实现优势资源集聚。

一是"感召"本土人才。举办创业人才联谊会、返乡农民工座谈会，通过"感情召唤"等方式，建好乡土人才流入、流出两本"台账"，摸清和掌握人才底数，储备各类优秀人才650名。二是"借力"专业团队。借鉴河南郝堂、陕西袁家村等地成功的经验，聘请中国城镇化促进会城乡统筹委、中国城市发展研究院、农道联盟、"绿十字"等专业设计团队共42名专家共谋具有前瞻性、特殊性、科学性的乡村发展规划。三是探索专家"问诊"。在四川美丽田园欢乐游暨首届利州山珍节期间，白朝乡成功举办了"百名农业专家利州行"活动，吸引114名农业专家开展产业发展、生态康养旅游"把脉问诊"活动，提出建设指导性意见和方案8条次。通过与中国科学院、清华大学等高校合作，成功挂牌成都教育基地双创实践基地和清农学堂（月坝村）教学培训基地，柔性引进专家人才5名作为长期顾问、2名教授作为名誉教师。

（2）健全激励机制，强化本土人才培育。

一是依托平台"孵"人才。依托月坝村现代农业园区，通过现场实训，孵化产业技术能人36人；依托成都教育基地双创实践基地和清农学堂，鼓励本土人才"跟班学习"，25名专业技术人才素质得到提升；依托利州人才580服务平台、"农民夜校"，举办各类培训班35次，开展食用菌、石斛、桃树种植技术等课程，培育乡土人才245名。二是走出去"壮"人才。充分发挥人才工作站职责，组织返乡创业人员王钦等一批复合型人才赴北京、广州等地考察参观，月坝村民宿经营户230人次赴西安袁家村等地参观学习，全乡培育食用菌产业人才42名、生态康养旅游产业人才28名。三是优惠政策"扶"人才。制定出台了一系列支持创新创业、带动产业发展的优惠政策，优先安排创业用地流转100公顷，积极落实产业发展等各项奖补政策，建好园区道路、灌溉管网等基础设施8500米，智能大棚2500平方米。积极帮助企业协调资金8万元，定期开展技能培训服务450人次，极大地激发了能人引领群众创业的热情，能人在脱贫攻坚、乡村振兴的主战场上是"突击队""生力军"，成为推动全乡扶贫攻坚、带领群众脱贫奔康的新生力量。

（3）创新用人模式，激发能人贤才动力。

一是"强筋壮骨"村级班子。采取"先给平台、再给位子，先当配角、再当主角，先挑担子、再给身份"的"三先三再"培育模式，实行致富能人"择优内推"、务工创业能人"引导回归"、现任管理能人"公推留任"的方式，大胆选用发展有思路、管理有经验、干事有魄力、办事有实力的能人进入村两委班子，补齐村两委班子缺致富带头人的"短板"。近年来共选育吴光成等能人8名进入班子，储备年轻优秀干部人才15名，形成了10～15年村级班子梯队。二是示范带动产业发展。以党建扶贫示范行动为统揽，打造党建引领乡村振兴示范带。按照"一域一品一经营主体"的思路，确定一批产业大户，通过强带弱、大带小，带领群众致富增收。建成白朝、徐家等3个党员归巢创业产业园，培育产业大户12人，带动农民种植香菇50余万袋、椴木木耳120万棒、养殖蜜蜂1万余箱。返乡创业人才王钦通过创建恒昌生物科技有限公司，带动5个村184户农民发展食用菌，年人均增收4000元以上。月坝村股份经济合作联合社吸引全村171户农户全民参与，2018年实现集体经济收入32.6万元。三是着力化解民生难题。充分发挥乡土人才工作站（点）的作用，针对农民底子薄、就业难、技术落后等问题，统筹人才资源，精准施策。通过党建带专业合作社、协会、群众团体，创建月坝村等村2+2+N党员服务和领军人才服务超市，带动35名返乡创业人才、12名民宿管家、52名务工人员就业，辐射带动全乡发展康养旅游产业致富。通过产业园区、党员示范工程和专业合作社，带动贫困户240余人次在白朝食用菌产业园区中务工，免费学习技术，免费领取木耳、石斛、香菇等种子，参与合作社分红，实现贫困户顺利脱贫。强化本土人才的"传帮带"作用，通过"技术能人讲技术"活动，致富能手欧高全等12名本土能人讲授香菇、银耳、木耳、灵芝等种植技术41场次，培训1500余人。柔性引进专家人才，通过政策咨询、科研教学、院地合作等方式献计献策，中国城镇化设计院设计团队全程参与白朝乡村振兴编制，"绿十字"主任孙晓阳为月坝村民宿软件设计和营运倾心策划，成都教育基地双创实践基地、清农学堂正式启动乡村振兴方面的课题研究。

5 乡村治理 乡风文明

5.1 党建——统一思想，不忘初心

白朝乡位于利州区西部，面积 146.25 平方千米，2016 年，辖 14 个党支部、306 名党员，贫困户 368 户共 1360 人。近年来，乡党委坚持抓党建、促脱贫，依据月坝特色小镇打造了连接白朝、宝轮、赤化 3 个乡镇的百里党建扶贫示范带，走出了组织振兴促进乡村振兴的新路子。

（1）突出"三高"，强化全域发展。

一是高起点规划布局。紧扣市委、区委对脱贫攻坚总体部署和建设中国生态康养旅游名市核心区的目标定位，深化供给侧结构性改革，规划以月坝村农旅融合乡村振兴党建示范带为轴心，打造白朝脱贫攻坚、现代农业园区、生态康养功能分区互融的党建示范片，提升发展动力。二是高水平专业设计。聘请中国城镇化促进会城乡统筹委、中国城市发展研究院、农道联盟等专业团队进行设计，成功借鉴河南郝堂、陕西袁家村等地党建引领乡村振兴的经验，明晰发展目标，结合实际，设计符合月坝村党建引领的生态康养旅游、食用菌等特色项目。三是高质量组织保障。着力推进组织振兴，成立示范带创建工作领导小组，设立月坝村上下片 2 个工作推进组，明确职责范围，确保每一个点、每一条线都有班子成员分包指导和组织协调。完善基层党建考核制度，把示范带建设作为村级党组织考核的重要内容。乡党委狠抓底线管理，整顿软弱、涣散的基层党组织 2 个，合建共建基层党组织 2 个。调整工作不在状态、能力不适应的村两委班子成员 3 名。按照"1+9+N"的标准建设月坝村、徐家等示范点。建立督导机制，通过月检查、季通报、半年观摩，促进整体提升。

（2）突出 "三抓"，强化堡垒攻坚。

一是抓力量统筹整合。整合 30 余个省市区单位的帮扶力量，组建月坝湿地保护小区，建设临时综合党委，将 5 类 28 个项目建设和产业发展任务分解到 42 个项目建设、特色产业临时党小组，推进涵盖白朝、宝轮、赤化 3 个乡镇一带三片六核心区域建设，让 306 名党员干部走前列、做示范，协调落实创建资金 3.5 亿元。目前，月坝特色小镇建设已全面完成，今年试营业当天收入达 6 万余元，辐射带动 1046 户贫困户 3590 人增收致富。二是抓党建综合体建设。通过 7 个村党组织引领、15 名党员创业能人领办、41 个新型主体联盟，建成 8 个党建创业综合体，高标准建设 20 公顷食用菌产业园、22 公顷桃树板栗园和 10 公顷中药材产业园等党建示范项目，形成 "多个支部同一产业、一产业带全乡" 的发展格局。目前，全乡 4 个村党组织集体经济人均收入突破 200 元。三是抓示范点培育壮大。加强示范带沿线示范园区、党员示范户等 "细胞" 创建，与中科院成都分院、广元市中医院等单位结对共建，合力推进魏子石斛种植、星明蜜蜂养殖等 7 个高附加值的党员精准扶贫示范项目，打造党建扶贫示范园区 2 个，培育党员示范户 65 户，同时将示范项目作为农民夜校培训基地，培训种养殖技术人员 4500 人，带动 360 户贫困户产业增收。目前，示范带上创建省级 "四好村" 4 个。

（3）突出 "三新"，强化示范质效。

一是创新思路求突破。发挥月坝村名片效应，在利用好月坝 28 个溶洞群、万亩箸竹林、20 千米古麻柳长廊等资源的基础上，积极将示范带上宝轮镇、赤化镇 5 个村党组织、3 个专业合作社融入抱团发展，做大做强，推动组织振兴助力乡村振兴。目前，示范带上月坝村休闲农业和乡村旅游示范片建设如火如荼，带动沿线 200 余户 850 人就近就地务工和发展产业，增收致富。二是创新机制强发展。在推行 "联户党建" 治理的基础上，创新 "合作社 + 农户 + 企业" 模式，产品按照统一标准、统一规程、统一收购、统一品牌、统一销售 "五个统一" 的思路，组建发展利益共同体。月坝村村支书吴光成等人敢于第一个 "吃螃蟹"，通过党支部领办，将 52 户农户的闲置农房以 20 年经营权入股合作社，使其成为集体经济组织股东，将红利的 30% 分给入股农户，其余的注入集体经济滚动发展，人均年收入提高 3000 元以上。三是创新引才增活力。通过党建带专业合作社、协会、群众团体，创建 "2+2+N" 党员服务和引军人才服务超市，培育中药材、乡村旅游创业团队 2 个，吸引返乡创业人才 35 名（市级科技拔尖人才 1 名），2 名返乡创业青年发展成为党员。12 人成为民宿管家，50 余人成为务工人员，带动全乡 850 人发展康养旅游产业致富，实现产值 4600 余万元。

5.2 村建——生产发展，村风文明

月坝村认真贯彻落实党的十九大精神和习近平新时代中国特色社会主义思想，大力实施乡村振兴战略，扎实巩固提升脱贫攻坚成果，重点从以下几个方面精准发力。

（1）巩固脱贫攻坚成果，夯实全面小康基础。

对照"两不愁、三保障"、村"一低五有"、户"一超六有"等硬指标，高标准完成年度脱贫村——新房村、分水村的脱贫目标。结合村情完善脱贫奔康规划和村集体经济发展实施方案，健全预防致贫、返贫长效机制，创造餐饮、民宿、产业等多种增收途径，增强"造血"功能，打好农业产业和乡村旅游的"组合拳"，实现村集体经济人均分红目标较 2018 年增加到两倍的目标。

（2）开展项目"大比武"，快速推进月坝特色小镇建设。

一是制定"2018 年月坝特色小镇建设项目清单"，倒排工期、责任到人、时间到天，加快月坝湿地生态修复、民宿装修、环境整治和污水管网铺设等项目建设的协调和推进力度，确保 49 个项目如期完成。二是配置旅游要素，加快道路绿化、生态修复、景观营造工作进程，在旅游沿线及核心区布局桃花、辛夷花等赏花经济，丰富牛灯、采莲船、山歌等民俗文化观赏活动，结合本地产业特色完善特色小吃食谱，形成集"赏、品、观"全方位的月坝村旅游引爆点。三是加快民宿管家、乡村厨师等合作社经营人才培养工作，合理设置合作社、村民的利益分配比例，建立健全管理制度，完善合作社运营机制，推动合作社规范化运营。四是挖掘当地人文、历史、自然资源，打造独特的旅游品牌，用好图文、视频、社会宣传等多种宣传渠道，促进小镇宣传推广。

（3）加快产业融合发展，有效推动乡村振兴。

一是以月坝村为核心，结合实际情况，壮大食用菌、林下种养殖、干果、蔬菜等产业规模，提升产业质量和效益，不断提高"五园一村"的产业融合度。二是充分利用月坝村品牌，实行统一包装、统一管理、统一产品营销、统一商标品牌的"四统一"策略，不断提升月坝村品牌的知名度、美誉度。三是推动产品提档升级，加快对石斛等中药材的技术攻关，重点进行种苗培育，推动香菇等菌类深加工产品的技术研发。四是推动农村集体产权制度改革工作，通过月坝村旅游、村集体经济特色产业联动促进长期稳定增收，盘活农村闲置房屋、土地、林地等资源，为农村发展奠定坚实基础。

5.3 家建——村民自治，家风建设

月坝村持续推进能人进班子活动，推进各类农村基层队伍建设。创造新农村发展机遇，"筑巢引凤"，不断吸引在外务工人员返乡创业，积极培养产业发展、电商营销、民宿餐饮类本土人才，培育更多的专业合作社、家庭农场、产业大户等新型经营主体，进一步推动产业发展。以"纪律作风深化年"活动为载体，抓好涉农资金项目的管理监管，抓好作风问题专项整治，确保惠民政策落实落地。始终坚持民生保障，着力建设和谐新村。提升公共服务水平，进一步完善"1+6"村级公共服务体系，新建村级活动阵地5个，强化村卫生室建设和计划生育优质服务水平，促进城乡公共卫生服务均等化。注重民生政策的落实，妥善安置全乡五保户、低保户、孤寡老人、残疾人300余人。强化基础设施建设，维修扩建通村通组公路21.5千米，通村道路硬化率100%，新建人畜饮水池30口，整治蓄水池4口，铺设饮水管网44 500余米，保障了299户1106人的安全饮水和百公顷农田的灌溉。

农业农村工作路长且艰，家风建设工作有挑战更有机遇，月坝村将认真贯彻落实中央、省、市、区农村工作会议精神，认真学习、借鉴外地"美丽新村"建设先进经验、好的做法，加快村民精神文明建设，从实际出发，一步一个脚印，苦干、实干、拼命干，努力开创"三农"工作新局面、建设美丽幸福新村，争取早日实现乡村文化的振兴。

6 月坝村故事 共创辉煌

6.1 访谈

李兴鸿 中共广元市利州区区委常委、统战部部长

徐宁 *：提起月坝村的变化，我们听到最多的是"翻天覆地"四个字。您认为最能代表"翻天覆地"的是什么？

李兴鸿：我觉得最具代表性的变化有三个方面。一是群众精神面貌和个人素养的提升，这主要表现在有了敢想敢干的精气神和邻里和睦、爱护环境的良好意识。二是环境更加优美。通过整个项目的配套推进，月坝村群众的居住环境和自然环境都实现了明显改善，也先后荣获"全国最美森林小镇100例""四川十佳宜居生态村"等荣誉。三是培育了增收产业。通过发展生态康养产业，有效带动了整村发展，并辐射带动了沿线发展。

徐宁：月坝村的规划理念是"把农村建设得更像农村"。作为区委三农工作的分管领导，您熟悉乡镇、乡村工作，又一直在联系月坝村的建设工作，您是如何理解这句话的？

※ 徐宁：资深媒体人、策划人，曾任职于知名的设计行业媒体和设计行业协会组织，参与组织国内外设计行业论坛、展览、活动，参与多个文旅小镇、乡村建设项目的策划、规划，以及编撰《把农村建设得更像农村 理论篇》《厕所革命》等图书。

李兴鸿："把农村建设得更像农村"不是简单地复制城镇建设的经验，而是一种更加科学的农村建设模式，应该从外部风貌、记忆传承和功能设置等多个维度来理解。它更多地凸显了一个地域民居的风貌特色（川北民居），更好地保留了乡愁记忆的烙印，更优地配置了农村居民生产—生活、居住—经营等所需的空间功能，不失为当前推进乡村振兴实践的一种有益探索。

徐宁：白朝乡曾是利州区最偏远、最贫困的乡。项目初起定位为"着眼实现脱贫摘帽与同步小康的统筹衔接"，为什么会选择白朝这块"硬骨头"？

李兴鸿：这个问题是基于脱贫攻坚的硬性要求和白朝乡的乡情。一方面，脱贫攻坚是一场全国性质的攻坚战，要求是不掉一户、不落一人。白朝乡曾是利州区最偏远、贫困程度最深的乡镇，深入推进白朝乡的脱贫攻坚工作，既是脱贫攻坚的内在需要，也是白朝发展的内在需要。另一方面，白朝乡也具备一定的工作优势，淳朴勤劳的民风、得天独厚的自然风光，为脱贫攻坚的快速推进和月坝特色小镇的建设提供了可能。随着脱贫攻坚的深入推进、月坝特色小镇的顺利建设，加之乡村振兴战略在利州区的探索实施，依托项目建设实现脱贫摘帽与同步小康的统筹衔接，也能够在全区范围内起到良好的示范带动效应。

徐宁：月坝村项目是从村组开始，自下而上逐步扩大规划范围发展起来的，在这个过程中村民—村组—乡—区，形成了"月坝生态康养旅游小镇"的概念和模式，各级政府、各部门之间需要做很多协调配合工作。请就您的岗位和工作范畴，简单地谈谈您的感受和体会。

李兴鸿：这无疑表明了任何一个重大项目的谋划推进、落地生根，都离不开各级力量的协同发力。这里面既有月坝村群众向往发展的殷切期盼，也有白朝乡党委、政府的不懈努力，更有市、区两级的大力支持。月坝村既定的建设理念决定了它的建设模式。不断完善的月坝村模式，在很大程度上同习近平总书记提出的"绿水青山就是金山银山"相契合，也是当前利州区推进乡村振兴重要的一线实践。另外，四川省第三届村长论坛于 2019 年 9 月上旬在月坝村召开，这也是推广月坝村的一次重要机遇。有这样坚实的发展基础，在未来三到五年，我们将力争把月坝村建设成全省乃至全国的乡村振兴示范村。

徐宁：乡村建设涉及政府、资本、企业、市场、村民等多个层面，涉及传统农业向现代农业的转变、涉及一二三产业的融合发展……在项目发展过程中，月坝村颇具特色的金融和运营模式是如何探索和形成的？起到了什么样的作用？

李兴鸿：一是搭建区级投融资服务平台，通过与商业金融机构合作，构建起"金融机构＋国有企业＋保险（担保）公司"的投融资平台。二是探索多元主体投入机制。坚持"政府投入基础设施、撬动社会资本进入"的思路，创新构建以股权为纽带的"合作社＋农户＋企业"的多元主体的混合投入机制。三是探索农村土地收储机制，在不突破土地政策红线的前提下，通过土地整理、城乡建设用地增减挂钩等方式，实现土地占补平衡。四是探索"统一管理、独立核算"的运行机制。小镇建成后，由独立运营公司统一管理、分配客源，投资公司、合作社对各自资产效益进行独立核算。五是探索"永久免租、营业抽成"的招商机制，该机制有利于降低商铺前期的投入压力，培育商户稳定的经营能力。

首先，这些模式促进了"带动"效应的释放。国有资本带动了集体经济发展，村集体经济组织带动了农户发展，核心区带动了辐射区发展。其次，推动了"融合"理念的践行。小镇以康养旅游为核心产业、以生态养殖等其他产业为辅助产业，互相促进、互为依托、互为补充，实现产业融合发展。第三，探索了"共赢"模式的发挥。国有企业实现了"资金—资源—资产—资金"的收益循环，集体经济实现了"资源—资金—资产—资金"的收益模式，社会资本及农户实现了"资源—资产—资金"的收益模式。最后，带动了农民增收，壮大了集体经济，发展了国有经济，撬动了社会资本。

徐宁：截至目前，月坝村项目已经取得了非常显著的阶段性成果。如果请您给月坝村写一段宣传语，您会写些什么？

李兴鸿：月坝村，一个让你游目骋怀、找回记忆、放飞思想的地方。

张玉全　广元市利州区白朝乡党委书记

徐宁：从 2014 年 4 月开始，组织安排您到白朝乡担任乡党委书记，一干就是 5 年多时间。那么，提起月坝村的变化，您最大的感受是什么？

张玉全：白朝乡以往惯性的生产生活是种粮（菜）、栽树伐木、养殖畜禽等，但一直未摆脱贫困落后的局面。月坝村同样如此。2014 年以来，我们经过反复调研、思考、论证、分析，认为月坝村贫穷落后的一个根本原因是长期以来没有很好地解决其功能定位问题，即月坝村的突出优势是什么？月坝村在经济社会发展中该走什么路径？该定什么目标？该采取什么举措？ 2015 年 5 月，我们将月坝湿地成功申报为全省首个省级湿地保护小区，解决了月坝湿地长期以来定位混乱的问题。我们靠山吃山，坚持"绿水青山就是金山银山"的理念，确定了月坝村今后必须走生态康养之路，生态康养产业是月坝村的主导产业。经过几年的奋斗，月坝村的基础设施配置水平大幅度提升，通向外界的道路畅通了，出行难成为永远的历史。产业兴旺了，就业岗位多了，不少年轻人就回来了。目前，没有一户人吃低保，没有一个空巢老人，没有一个留守儿童，人民生活富裕了。这些都是月坝人5年前不敢想的。

徐宁：作为熟悉乡镇、乡村工作，并亲自参加月坝村建设的领导，您是如何理解"把农村建设得更像农村"这句话的？

张玉全：月坝村是大山中的农村，农村是月坝村的本色。在谋划月坝村乡建的整个过程中，农村的元素没有丢，农民的身份没有变，农房没有大拆大建，农田没有任何破坏，真正做到了人、田、房、村、山、水的和谐统一。有机绿色的"底料"没有变，乡风更加文明。总之，从规划、设计到建设施工等，农村的底色、元素、文化得到充分尊重，没有否定，没有摒弃，我们做出了最具川北民居特色的新村。整个乡建是紧紧依靠当地农民来开展的，留住了当地农民，提升了当地农民自身素质。通过乡建，我们创造了许多就业岗位，让村民有位可为，再不离乡背井，怡然自得地生活在祖祖辈辈生息的土地上。这就是"把农村建设得更像农村"。

徐宁：随着月坝村几年的发展，无论是生态环境、村容村貌，还是经济发展、产业升级、人民收入，都有了巨大变化，也获得了很多荣誉称号，这是对月坝村的认可、肯定和激励。那么，在这些荣誉中，您或者说乡政府最看重哪个？

张玉全：我最看重的是月坝村荣获"全国乡风文明十佳村"的称号。生产力中，最具有决定性的因素是人。习近平总书记讲过：幸福是奋斗出来的。人只有不断追求进步才会变得强大，人只有充分认识规律才会很好地驾驭规律，才会顺势而成大业。有了好的环境、好的民风，才会让人消除杂念、猜忌，把有限的精力用于干正事、创正业上。当前，月坝村有好的规划、好的乡建成果，只要民风正，再辛苦几年或一段时间，月坝村会更加美好。

徐宁：中国城市发展研究院、"绿十字"、农道团队有着丰富的乡建实践经验，但你们是最熟悉当地经济情况、乡土民情、人情世故的。那么，当观点、意见不一致时，您是如何与中国城市发展研究院、"绿十字"、农道的专家、设计师们沟通的？

张玉全：在谋规划、做设计时，我们需要集思广益，可以有许多假设，可以一次次肯定、一次次否定，再一次次肯定……在这个过程中，我们可以折腾。常言说"心多必乱"，而当规划、设计一经锁定后，我们常常会管住自己，绝不凭空臆想，一定要听专业团队的。

徐宁：最初启动项目时，为什么从湿地开始？对于申请国家湿地自然保护区当时很多人认为是不可能的事情，这其中一定有很多故事。

张玉全：当时，有不少人"谈保护区就色变"，我却认为保护不等于限制这里的发展，恰恰是保护了这块珍稀资源，才真正体现了它的宝贵价值，真正带动了月坝村的发展。

月坝村有个很响亮的名字，因其自然、地理的独特性，神秘传说较多。多年来，勤劳的月坝村人在这块土地上，为了生计历经千辛万苦，但既没有破坏月坝村的自然地貌，又没有让月坝村人真正富裕起来。月坝湿地是月坝村最珍稀的自然资源，只有从法理上固定其本身的特性，才是对月坝村最好的定位。只有明确了月坝村是一块珍稀的高山湿地这一自然特征，才会让月坝村走上应有的正道。成功将月坝湿地申报为四川省首个湿地保护小区，从根本上明确了月坝村的定位，回答了月坝村是什么的问题，引领了月坝村今后的发展方向。现在看来，走保护先行的路子，是完全正确的。

徐宁：现在，月坝村不只对白朝乡更对周边乡镇起到了非常好的带动作用，成为利州区甚至广元市的示范区。作为整个项目的"核心区"，您对月坝村的未来有怎样的憧憬和期待？

张玉全：月坝村将是毗邻村庄、乡镇巩固脱贫的大阵地，这里有朝阳产业，这里有好的民风，这里有就业（创业）岗位，这里有勤劳的基因，年轻人回来了，会在这个阵地上大显身手，劳有所获，老有所养。月坝村将是乡村振兴的典范，将会成为同类山区乡村开展乡村振兴的范例，其神可学，其经可取。月坝村将是践行"两山理论"的样板，靠山吃山，会处理好保护与开发、自然与人文等关系，实现大和谐。总之，月坝村将给世人留下精神、留下方法，供人们利用。

石洪连　广元市利州区白朝乡党委副书记、乡长

徐宁：您到白朝乡工作有四个年头了，直接参与了白朝乡的建设，见证了

白朝乡的发展。在您的眼中，现在的月坝村、白朝乡是什么样子？

石洪连：一座座白墙青瓦、具有川北民居风格的建筑坐落在柏油路两旁，沿着蜿蜒的柏油道路前行，可以一边欣赏别致的新村风景，一边品尝农家的新鲜瓜果。月坝特色小镇综合体充分展示了川北民居风貌，突出有机循环农业、特色民宿等特色。同时，与乡土文化、川北民间民俗文化、农耕文化完美结合，让城里人走进乡村有一种怀旧的感觉。

徐宁：月坝村的规划理念是"把农村建设得更像农村"，您是如何理解这句话的？

石洪连：农村本来就是农村，"把农村建设得更像农村"听起来似乎有些矛盾，但这也是农道团队和孙君老师等一些热爱乡村的专家、老师和教授发自内心的呼喊，也是对故乡的思念、对童年趣事的怀念。我记忆中的川北农村就应该是农家小院、青瓦白墙、绿树成荫、小桥流水、炊烟袅袅、鸡鸣犬吠、斗笠蓑衣、牛羊满坡……现在看看我们的川北农村不再像以前了，现在的农村越来越城市化，洋房不洋，同质化特别严重，家家户户盖楼房，出门进户水泥路，到处钢筋混凝土，一片城市的繁荣景象……与我们记忆中的农村相去甚远。所以，以孙君老师为代表的乡建艺术家们呼吁：农村应该是望得见山，看得见水，记得住乡愁，有 70 后、80 后童年的快乐，有人们愿意享受的快乐。

徐宁：在村—湿地—乡—小镇的规划发展过程中，范围越来越广、深度越来越大，但最终都需要落地生根、操作实施。乡级组织处在项目的第一线，在推动项目落地实施时肩负着最重要的责任，就这一点，您和乡党委、乡政府的干部们一定深有感触吧？

石洪连：作为基层干部，我已在白朝乡工作了四年，亲自参与了月坝村的规划、建设、宣传和运营，一路走来，有不少感慨和体会。一是要勇担责任，上面千条线，我们一根针，所有的事情和问题都会向我们聚焦，等待我们去处理，必须处理好。二是要大公无私，把工作当事业，把公家的事当作自己的事，这样才能干得好，花的钱又少。三是要实事求是，我们必须有足够的定力，调查清楚，处理得有理有据。四是要刚正不阿，在工作中难免会遇到种种诱惑和意想不到的困难，只有心存善念、不贪不占、不卑不亢，才能干成事、干好事。

郭正山　广元市利州区白朝乡人大主席

徐宁：在项目实施的几年中，乡政府肯定是深入在最前线，直接面对村民的。"代表群众的利益才能得到群众的支持"，作为基层政府的一员，您怎么理解这句话？

郭正山：在项目实施的过程中，我始终认为做项目的最大目的就是通过项目的实施来惠及群众，让群众增收致富，过上幸福美好的日子。在项目的整个实施过程中，我们始终坚持入户调研，听取民意，了解群众的愿望和期盼，以此为基础并结合当地实际资源，根据市场的需要来谋划项目，从而实施推进项目，使项目建成后产生更大的效益。在项目的实施过程中，我们始终坚持从生态自然资源保护、人居环境改善、产业结构调整和提升、交通道路等基础设施完善、文化民俗传承及群众文化素养提升等方面进行建设。通过建设，环境美了，居住环境改善了，群众素养提升了，年轻人回来了，致富的路径多了，群众获得了最大的实惠，从而完成了群众最期盼的事情，因此我们的工作得到了群众的支持和拥护。

徐宁：在乡村建设过程中，我们的规划设计团队需要直接深入现场，当他们的设计理念与村民的认知有差别时，常常需要乡村干部做协调工作。有没有一些事情给您留下了深刻的印象？

郭正山：在乡建过程中，有两件事给我留下了深刻的印象。一是在第一户示范户改造建设中，有位村民不认同设计团队的设计理念，在改造中经常与设计方和施工方吵架，甚至阻工扰工。我先是让村支部书记去做工作，自己也经常给他做工作，并带其到陕西袁家村参观，最终他思想开放了，很高兴地接受了设计方的意见。建成后，他家成为第一家经营示范户，一年收入十几万元。我问他："老太爷，现在对设计满意吗？"他笑得合不拢嘴地回答我："改得好，改得好！"二是在建设正月十五民宿时，有一家人始终不同意设计方使用木质材料，经常与设计方、施工方吵架。于是，我会同村干部召集了这个院的所有改造户开会，一直开到凌晨4点钟，村干部做工作，我做工作，最后通过其他改造户一起做工作，他们一家人终于同意了设计方案。

周韬　广元市利州区白朝乡党委副书记、纪委书记、政法委书记

徐宁：作为分管组织、纪检、政法、信访、林业工作的领导，您认为月坝

村这几年的变化体现在哪些方面？

周韬：由月坝村基础设施建设、生态康养旅游产业发展、民居变化带来了月坝村民由内而外的变化，其精神状态、待人接物、穿着打扮无不透露出作为月坝村人的骄傲。

徐宁：在乡村经济发展、农民收入提高的同时，各级政府花大力气在乡镇、村组的精神文明建设、文化生活方面做工作，这些会对村民的思想意识、精神面貌有很大的影响吗？您觉得影响最大或者说变化最大的方面是什么？

周韬："仓廪实而知礼节"，我们在不断推进月坝村建设、逐渐提高群众收入水平、夯实乡村物质文明基础的同时，也在同步推进乡村精神文明建设。乡里成立民俗文化协会，举办了年夜饭等活动，丰富了乡村文化生活，也让传统文化节目保留了下来。每一年都评出好公婆、好媳妇、五好文明家庭等乡村道德模范，每一个季度都开展环境卫生大评比检查，好的典型人物、家庭成为大家共同学习的标杆，形成了一种积极向上的社会氛围，拾金不昧的村民有了，常见的打牌赌博没了，大操大办的陋习改了。制定了《村规民约》，通过反复的开会宣传学习，将村民每个人、每个家庭的整体表现同村的发展牢牢地绑在了一起，也通过集体经济收入分红相挂钩的奖惩机制，激发了每一个村民、每一户家庭为月坝村建设和发展贡献力量的积极性。

胡国锋　广元市利州区白朝乡党委委员、副乡长

徐宁：截至目前，月坝村项目已经取得了非常显著的阶段性成果，起到了很好的示范作用。如果请您推荐一下月坝村或者给月坝村写一段宣传语，您会写些什么？

胡国锋：月坝村，一个"离月亮最近的地方"。那里有 226.6 公顷的高山湿地，像一块"天镜"一样嵌在青山、白云之间，眺望湖面，微风荡起道道涟漪，让人无比惬意！那里有海拔 1917 米高高耸立的黄蛟山，像一座绿色天然屏障，张开双臂拥抱着远方。满山翠绿的箬竹林，在阳光的照耀下闪闪发亮，尽显勃勃生机！

那里有十里麻柳长廊，像一条玉带环绕在老街溪旁。几百年的老树错落有致、虬枝繁茂，清澈见底的溪水潺潺流淌，让人回归自然宁静。那里有动听的

山歌、唢呐声，那里有翩翩起舞的牛灯、采莲船，那里有传统的九品一碗，那里有纯粮酿造的小甑竹根酒，那里有童年记忆，那里有乡村味道……月坝村是一个让人魂牵梦绕的地方。

徐宁：月坝村从一个普通贫困山村逐渐变为四川省生态康养特色旅游小镇，而要实现创建天府旅游名县和建设中国生态康养旅游名市核心区，它还有很长的路要走。从宣传、推广月坝村的角度，下一步有什么样的规划和方案？

胡国锋：为了进一步打造月坝生态康养特色旅游小镇，积极探索合作社运营方式，不断增强人民群众福祉，按照"一带、三片、六核心"的功能布局，突出"游古村、览明月、探溶洞、踏青流、享田园"的乡村特色旅游主题，形成了"泉水清流河谷景观游憩组团、川北乡情民俗体验组团、山禾画廊休闲娱乐组团、罗家老街文化体验带和洞天福地观光猎奇组团"五部分的专业文化特征，未来的路还任重道远。一是大力引进社会资本，继续加强硬件设施建设，打通大蜀道，连接剑门关，借势发展，整体带动，不断丰富生态康养特色旅游小镇的多样性，满足不同群体的需求。二是巩固提升月坝富民专业合作社的营销能力，加强合作社自身建设，做大做强农旅经济实体，广泛动员群众，积极参与集体经济组织建设，为群众增收开辟新的经济增长点。三是围绕"五园一村"的布局，结合乡村振兴战略，以点带面，整体推进生态康养旅游之乡的建设，使其真正成为区域内生态康养核心区。

吴光成　广元市利州区白朝乡月坝村党支部书记

徐宁：听您讲过您是地地道道的农村人，过过苦日子，为了改善生活做过各种营生，曾经承办学校食堂，做得风生水起。那么，是什么原因让您做了村干部呢？

吴光成：我原先住在广元市青川县建峰乡清山村，1996年经媒人介绍，来到月坝村。最开始村子里很穷，我和妻子外出打工挣钱。做过木工，承包过食堂，经营过货车，开过家具店，做过生意……虽然取得了一些成绩，在外过得很好，但我心里一直有着说不出的感慨。最初村里老百姓找到我，希望我回到家乡时，月坝村在全乡乃至全区都是有名的偏远落后空心村。妻子不同意，我就跟她说："为什么我们要背井离乡去别的地方打工，就是因为我们的村子穷，需要有人去改变它，我一人富，不算富，大家富了才是真的富，我要回去。"在经过激烈的思想斗争并做通妻子的思想工作后，我放弃了年收入 20 多万元的生意决定回乡，在组织和群众的信任下，换届时高票当选月坝村村主任，后来又成为村党支部书记。

徐宁：在月坝村项目开展的几年间，您直接参与了哪些工作？

吴光成：有句话叫"要致富先修路"，最开始我找项目修路，拿到了 20 万元的项目，发动老百姓筹工筹劳，用 20 万元的资金修了 2 千米的路。

2014 年成功申报月坝湿地保护小区，而两届"康养慧民年"活动也让月坝村在附近小有名气，吸引了一些爱好摄影、露营的游客前来，借此我发动群众在家经营起了农家乐。2016 年 5 月 13 日，月坝旅游新村建设正式启动，区委、区政府要求以示范户带动老百姓搞房屋提升改造，通过设计预算，需要示范户自己出钱 30 多万元，老百姓一听要这么多钱，都退缩了。看到这样的情况，我决定自己先启动房屋提升改造，成为示范户。当时，我的妻子和父亲都不同意，我就和他们说："我是党员，我不带头谁带头？我是这个村的村主任，我不带头谁带头？这是改变咱们村的一次重要变革，不抓住就没有了，一定要做下去。"经过将近 3 个月的改造，在 2016 年 8 月底，我的房子改造完工，非常美观。随后陆续有 3 名党员也同意将自己的房屋进行改造提升，最后 52 户农户都将房屋主动拿出参与入股。经过一段时间的经营，取得了可观的收益。

但随着经营的开展，示范户之间也出现了恶性竞争，还有一部分人没有经营能力。该怎样平衡，出现的矛盾该怎样化解呢？经过思考，决定探索长效机制，共同致富奔康，吸引返乡创业人才。2016 年 10 月，村里成立了广元市月坝富民专业合作社。为了加快落地实施，尽快转变老百姓的思想观念，我和村干部经常召集村民开会解放思想，开会到凌晨两三点钟时有发生。经过我们不断地劝说、做工作，第一批村民入股，后来大家看到了收益，都主动加入了合作社，合作社的经营大大增加了群众的收入。

徐宁：改善人民群众的生活绝对不是说说那么容易。在乡村，说服村民的最好办法，就是让他们看到身边成功的例子。在月坝村里，您和其他村干部是怎么做的？现在合作社的整体经营情况怎么样？

吴光成：我先找党员谈话，得到党员的认可，然后找群众代表谈话，再找有见识、有威望的人谈话，得到他们的认可，并让他们监督。自 2018 年 1 月，月坝富民专业合作社试运营以来，实现日接待 500 余人（次），累计接待游客

20 万人（次），营业收入 220 万元，全村每人分得 100 元集体经济红利，购买 80 元的意外保险。现在合作社年终人均分红近 200 元，也带动了全村村民就近就业，每人年均纯收入在原来的基础上增加了 1 万元。

赵群勇　月坝村村民委员会主任

徐宁：请问，您是白朝乡当地人吗？在月坝村项目开展的几年间，您参与了哪些工作？

赵群勇：我是土生土长的月坝村人，就住在月坝村二组，现任月坝村村民委员会主任，主持村委会全部行政工作，大小事务事必躬亲，包括一些矛盾纠纷的调解、各部门之间的协调，以及施工方面的安全。为了发展月坝村的乡村旅游，建设生态康养旅游特色小镇，项目多、任务重，责任艰巨，压力倍增。

徐宁：做乡村工作非常辛苦、劳累，作为土生土长的月坝村人，对于月坝村"翻天覆地"的变化，您应该更有体会吧？

赵群勇：提起月坝村的变化，在利州区委、区政府和白朝乡党委政府的坚强领导下，村组干部不辞辛劳，奋战在基层前沿，拼搏在建设一线，不分白天、黑夜，可谓夜以继日，为了月坝村的建设和发展，节假日从来没有休息过。经过三年的努力拼搏，月坝村取得了翻天覆地的变化。

一是道路通行的巨大变化。过去宝轮至月坝村的公路弯多、坡大、路窄，行程要 1 小时。现在通过对该段公路的改造和扩建，已达到国家公路的等级标准，行程大幅缩短，通行时长最多 30 分钟，游客和村民的通行变得快捷、安全。月坝村与周边也实现了互通，道路交通有了很大改善，景区步游道四通八达。

二是民居环境的巨大变化。过去罗家老街和民居住房建筑风格迥异，各不相同，周边环境脏、差、乱，通过对民居环境的统一规划、统一改造、统一建设，面貌焕然一新，独具川北民居特色。

三是老百姓的文化素质和生活习惯发生的巨大变化。过去，老百姓文化素质不高，思想较为狭隘，对国家政策领会不够深刻，生活习惯十分传统。在月坝村的建设规划过程中，我们特别注重提高老百姓的文化素质，并改变其生活习惯。如今老百姓对国家政策领会深刻了，新的生活习惯也逐步养成，村庄脏、乱、差的现象得到了彻底整治。

6.2 设计小记

6.2.1 月坝村建设总结感想

2015年10月初次来到月坝村，它所在的白朝乡是利州区最为偏远、贫困程度最深的贫困乡，贫困发生率高达20%以上，因交通不便被当地人称为"广元小西藏"。月坝村恰恰也是因为交通不便，良好的生态和淳朴的民风得以完整保留，大山、大森林、大溶洞、小湿地和朴实憨厚的村民以及非常传统的小农生产方式就像一块璞玉等着被人认识和雕琢。

完善的基础设施和公共服务是项目发展的基石。交通不便是阻碍月坝村发展的最大问题，月坝村要脱贫，如何提高区域可达性就成了项目建设的核心问题。规划初期就以补短板、强弱项的思路大力推进基础设施和公共服务建设。先是高标准建设旅游公路——"宝七路"，在加强城区与山区交通联系的基础上，使市场要素充分有效地流通起来。后来又建设了月坝村环湖公路，使月坝湿地的交通网络更加方便快捷。与此同时，陆续建设自来水厂、污水处理厂，改造升级给排水管网、电网、通信网络、天然气管线等基础设施，以及公共服务中心、社会综合服务社、农夫集市、月坝客栈等公共服务设施，从根本上补齐短板，实现城乡社会服务设施均等化。

参与月坝村项目已有4个年头，从起初的精准扶贫到城乡一体化实践再到乡村振兴，比较大的感触是乡村振兴要有"月坝村精神"。艰苦奋斗、靠劳动创造美好生活就是"月坝村精神"的精髓。所有的参建团队，从干部到党员，从专家到规划设计师，从村干部到村民，大家始终秉承"勇于实践、大胆探索、不怕挫折、求同存异"的信念，在乡建指挥部的领导下，带领广大村民通过环境改造、产业带动实现精准脱贫，齐心协力攻坚克难，把各项重任在严格既定的时间内落实到位，脚踏实地稳步推进乡村振兴。在此过程中，涌现出了一大批优秀党员、干部，他们是乡村振兴工作的排头兵，他们在施工前线日夜拼搏抑或在家中或办公室伏案操劳的敬业精神已深深影响了全体群众，这种"月坝精神"也是当地未来持久发展的不竭动力。

由此而形成的"月坝模式"是这几年的建设和发展总结出来的经验，也希望这种模式在其他地区的乡村振兴实践中得以复制和发展。月坝模式概括起来包含规划编制模式、建设模式、融资运营模式和人才培养模式。

月坝村的规划编制采用点、线、面的方式，自下而上、由小到大的逆向规

135

划模式，避免规划太大无法切入。我们编制了很多地方的乡村振兴战略规划，规模动辄几百亿元，实施起来确实很困难。而由村中的一个示范户开始，再由一个示范户带动全村的方式实施起来就很顺畅了。月坝村就是由村支部书记吴光成开始，带动吴锋、徐云松、刘学兵，进而带动整个村庄参与乡村建设。当整村建设有所成效的时候，来此旅游和度假的人络绎不绝，也给群众和政府带来了信心。随即启动了"宝七路"沿线村庄的规划，改造基础设施和服务设施，塑造村庄风貌，带动了沿线40多千米沟域的发展，其影响甚至扩大到了周围几个乡镇300多平方千米，为招商引资、促进片区发展编制了片区旅游发展规划，给企业参与乡村振兴打开了接口。在这种良性、稳健的发展模式下区委、区政府高瞻远瞩，启动了全区"1+9+N"的乡村振兴规划体系的编制工作，制定了总目标、总路径和分步行动计划，得到了四川省农村农业厅的高度认可，把月坝村确定为四川省第三届村长论坛的承办地。

从规划设计的角度来讲，月坝模式实际上是在规划设计方面的系统乡建机制的探索，其特点是依托陪伴式服务的规划咨询总承包和总协调。规划设计引领项目发展，规划要项目化，项目要落地化。规划是项目发展的纲领。在充分调研、详细论证的基础上科学编制规划，规划定稿以后，确保一张蓝图绘到底。再以规划为指导编制详细的设计方案和施工图，并派驻经验丰富且坚持原则的驻场设计师以陪伴式服务的方式确保规划设计原样落地、不跑偏。

月坝村的建设采用公开招标和一事一议相结合、统规统建的模式。月坝客栈、社会综合服务社、游客中心、乡村振兴学院、拦水坝、湿地恢复、管网建设、环湖路建设等大型公共建筑和基础设施因为造价高、工程技术复杂，为保障工程安全，需要严格按图施工，所以采用公开招标的方式。桃花小院、老街院子、麻柳小院、桂花小院、正月十五民宿、村标、麻柳河道等合作社主导的项目多为改造项目，项目规模通常较小，可选用本地工匠，使用传统工艺，采用全程监理、收方计量、一事一议的方法进行。该方法灵活高效，既节约了资金，又能锻炼本村的乡建队伍，把利润留给村民，还能为本村培养施工团队。公开招标和一事一议相结合的方法既防止了建设项目进入无序、失控的状态，又避免多重监管，禁锢项目的进展，使各参建方在公开、公平、公正的基础上最大限度地发挥积极性。

月坝村的融资运营采用"五个一"的模式。一是搭建区级投融资服务平台，通过与商业金融机构合作，以区属国有投资公司为载体，以保险或担保为风险防控手段，构建起"金融机构＋国有企业＋保险（担保）公司"的投融资平台。

二是探索多元主体投入机制，创建以股权为纽带的"合作社＋农户＋企业"的多元主体的混合投入机制。三是探索农村土地收储机制，在不突破土地政策红线的前提下，由国土部门按照土地利用规划调整村集体建设用地指标，通过土地整理、城乡建设用地增减挂钩等方式，实现土地占补平衡。四是探索"统一管理、独立核算"的运行机制，由合作社和投资公司统一管理、分配客源，投资公司、合作社对各自资产效益进行独立核算。五是探索"永久免租、营业抽成"的招商机制，商户入驻后，第一年免抽成、第二年开始差异化抽成，该机制有利于降低商铺前期投入压力，培育商户稳定的经营能力。

月坝村的人才培养采用走出去、引进来的模式。月坝村项目的开展是从乡镇及村干部带领示范户外出学习取经开始的，先后到过雪山村、袁家村、郝堂村等地深入调研，认真同当地干部群众交流座谈，了解别人的经营模式、建设模式，开了眼界，有了信心。回来后又根据本村的情况讨论制定出了月坝村自己的发展道路。在初期规划时，本着孙君老师提出的"把农村建设得更像农村"的理念，坚持从村民的利益出发，突出村两委的主体作用，强化集体经济建设，成立月坝富民专业合作社。在项目实施中，我们推荐引入乡村建设经验丰富的农道联众雪山村工匠团队，参与一事一议项目的建设，通过实际操作培养本村工匠，给月坝村留下一支懂乡建的本村工匠队伍，除了能建设自己的村庄，还能到周边的村庄接乡建活，为本村增加收入。引进"清农学堂"，对本地领导干部、村组干部、乡村规划师进行系统的乡建培训，培育一批乡建人才，作为利州区乡村振兴储备人才。刚到月坝村调研时听到最多的一句话是"人在宝轮"，问村干部后才知道，本村三分之二的年轻人都在宝轮镇谋生计，其余的在别的地方打工，和全国的大多数村庄一样，留在家里的是老人和小孩。随着项目建设的推进，本村在外务工的年轻人都回来了，有的当管家、服务员、厨师，有的在合作社的指导下开了自己的店，安居乐业。

站在全国的层面来看，从最初的精准扶贫到今天的乡村振兴战略，是从改善农民生活、生产条件的细微之处做起的。乡村全面振兴所包含的产业振兴、人才振兴、文化振兴、生态振兴和组织振兴为纲领性指引的落脚点，正体现在产业兴旺、生态宜居、乡风文明、治理有效和生活富裕这些和老百姓生活息息相关的具体细节之中。治大国如烹小鲜，美好愿景的实现是找准了方向之后，通过一点一滴的奋力拼搏而来的。月坝村的发展仍旧需要不断地去积极探索，但是我们有理由相信，月坝村人有信心、有能力在全面实现乡村振兴的伟大征程上书写出属于这片热土的瑰丽篇章！

6.2.2 当设计师走进乡村，大山也就有了灵性

刘艳辉　中国城市发展研究院设计师、驻月坝村现场负责人

1）话说乡建

乡村建设如火如荼，但并不是每一位设计师都能抓住乡村生活、生产场景的本质。开展美丽乡村建设要先懂乡村，能发现乡村美景、认同乡村文化、走进乡村人心。其实很多失败的乡建项目，并不是设计师的能力或创意不够好，而是他们不懂乡村。农民也很爱美，他们更有生活上的智慧，乡村建设的过程是设计师与乡村、大自然不断对话的过程。

2）月坝村来了一位大胡子

2017年6月，因为设计驻场任务，我在结束了河北阜平县花山村的驻场工作后，便来到了月坝村。青山如黛、青石小路、溪水潺潺、白墙灰瓦，勾勒出这个小山村独有的韵味。在我刚到月坝村时，总感到月坝村只有这样的景致还不够，还缺少点什么。

这里的青山绿水、湿润的气候环境，让我感受到了与北方不一样的生活环境，与此同时也感受到了这里与北方乡村不一样的生活习惯、生产需求。只有对当地有深刻的认知，才能设计出更切合实际的乡建方案。白天，与村民聊天，参观民居，考察周边的自然环境，与政府人员探讨未来月坝村的发展愿景，是我初到月坝村的主要工作。与月坝村有关的点滴，我都会用随身携带的笔记本记录下来。还记得我来到月坝那天一路驶来都是蜿蜒起伏的上坡，道路狭窄，我不敢向下看。路的下面就是陡峭的山体。整体道路破旧不堪，从广元市到月坝村大概需要3小时的车程，而且中途还换乘了3辆车，才到达目的地。在我看来这基本都不是路，只有越野车才能上来，一路上我的心在不停地颤抖，难道这就是我将要工作的地方？想去宝轮镇买个东西都是件奢侈的事情。当我到达目的地时，就准备要吃晚饭了，这一天的奔波还真有点饿了，可吃饭的时候我几乎崩溃了，看着满桌的菜都是红彤彤的颜色，全部是辣椒，这怎么吃呀？因为我是蒙古汉子，吃不了辣椒，最后勉强吃了点饭就休息了。第二天我开始熟悉整个规划的理念和重点建设区域，就这样开始了月坝村新的工作。我在熟悉现场的过程中，无论是当地居民还是施工单位的人都以为我是外国人或新疆人，不知我是来做什么的，唯一有印象的就是我满脸的胡子。

位于罗家老街的办公室，是我挑灯构思画图的主要场所。白天在工地，解决现场问题，由于规划面积比较大，把现场问题一个一个解决完基本上一天就过去了。

夜晚，常有村民造访办公室，想看看我这位从北京新来的设计师，将他家的房子设计成了什么样子。

"刘工，你看我家的房子能在侧面增加一个杂物间吗？"

"我们家是两个儿子，需要设计两个厨房。"

"刘工，我们家和隔壁家的地界是以水沟划分的，这个村里人都知道，隔壁家的后院厨房不能修在我们家的院子里。"

"刘工，我家庭院的设计没有隔壁的漂亮，能帮我再想想吗？让我家成为村里最美的一户。"

在这里，我觉得自己不仅仅是一个设计师，更是村长助理，除了设计方案，还要考虑村民的家庭关系，调和邻里间的土地关系。长时间与村民相处，村民也不见外地称我"刘大胡子"，村里的小孩也会嬉闹着叫我"大胡子叔叔"。我在月坝村待了3年，有好多村民都不知道我的全名，只知道月坝村有个大胡子设计师。

3）每个辛苦在当下的乡建人都是新农村建设的英雄

乡村振兴是一个系统性的工作，而乡建也不仅仅是画图、盖房子。要解决很多实际的问题，必须考虑建筑与景观的一致性，把当地质朴古老的文化元素融合进去，还要考虑设计材料是否能适应当地气候等问题。

白天穿梭于工地间，张大哥问我家屋檐怎么做才好看，李大哥问我家砖怎么铺才正确。夜晚在办公室绘制图纸，整理明天需要解决的问题，同时还要陆陆续续接待村民、施工队、村委会成员。山村的夜并不见得比白天宁静，设计师办公室夜晚传出的话语，陪伴着罗家老街的夜幕深沉。

白朝乡政府的张玉全书记、郭正山主席以及月坝村支部副书记王晓兰、赵群勇主任是我的常客，我看到了他们对月坝村的期待，他们深知正是因为国家乡村振兴的背景，才能让这个隐秘于西南地区的小山村拉近与外界的距离，至少跨越了10年的发展。他们身上寄托着全村乃至全乡的希望，他们的执着与坚定、他们的辛酸与泪水，让我不敢懈怠。初来广元，由于听不懂地方话，闹出不少笑话，开推进会记不了笔记，坐了3小时只记下了两行笔记，会后白朝乡的干部还要再给我讲一遍，村民的提问也让我一脸茫然。施工单位打电话讨论图纸问题，简直就是浪费电话费，以至于后来在山里常听见大家用夹着方言的川普（四川普通话）与我交流。再后就形成了一个模式，只要接到电话，我第一句就说："请用川普说。"

除了设计，施工质量也是把控的重点。每日上下午各一次的工地巡查是我必不可少的工作，由于各项目段距离较远，一次巡查至少得花2小时。我常因施工质量不过关对班组负责人严厉指责，班组负责人对我是又气又敬，气的是我经常搞出施工质量不过关就停工整改的事件，敬的是我过硬的设计及施工经验能解决不少现场问题。

为了能把乡建做得更好，在项目推进会、现场施工会上，由于与一些领导意见不统一，我们经常争论得面红耳赤，有时为了一块砖的高度要讨论很久。无论怎样，我们的目标是一致的——把月坝村建设得更美，尽量少留遗憾。

随着项目的推进，每日的工作也变得烦琐起来。凡是与建筑、市政、景观、标志牌等相关的设计工作，都需要我跟着项目统筹推进、设计支持、施工指导、点位确定，我突然变成了一位全能选手。对设计方案总有不同的意见，怎么实现意见统一是我最头疼的问题。设计是主观的，没有对错和是非，只有合理与否。我也在尝试去风格化地设计，追求融合就是一种美丽。当然，在这里技术是一方面，更重要的是能解决现场的问题，能把整个规划顺利落地。

无论烈日还是刮风下雨，在山村里随处可见我忙碌的身影。这样的场景，似乎置身上山下乡的年代，这里的每一个人都怀揣梦想，等待着月坝村的巨变。

来月坝村的第一年，我度过南方湿热的夏和阴冷的冬，历经了晒伤脱皮、长湿疹、手脚冻伤、生病住院等问题。我这位生于北方草原的汉子并没因身体的不适而被击退，相反地，随着对当地人文的熟悉以及对乡建的热爱，眼看自己用汗水培育的花朵就要开放了，我更想看到月坝村蜕变之后的模样。

4）做一位灵魂设计师

在我看来乡村要有韵味，有颜值更要有气质，有入眼的景观，更要有走心的文化内涵。现在的乡村已经不是乡村人的乡村，更是城里人的乡村。城市让生活越美好，乡村就让城市越向往。这种向往已经超越"第二居所"的概念，上升为一种精神文化的刚需。乡村建设需融入时代发展的节奏中，融入与都市发展共鸣的节奏中，融入与城市消费共享用户的节奏中。造房子等于造心、造世界，我希望自己是一个灵魂设计师，让乡村面貌一新、乡民生活得更自信，让城市人更向往乡村。

5）致谢月坝村

　　月坝村成就了我对设计的理想。设计的本身是让生活变得更加美好。这3年月坝村发生了翻天覆地的变化，我能参与其中，倍感荣幸。这段难忘的驻村设计工作经历也让我深刻地领悟到：只有用真心去设计作品、以务实的态度去工作，才能解决问题。

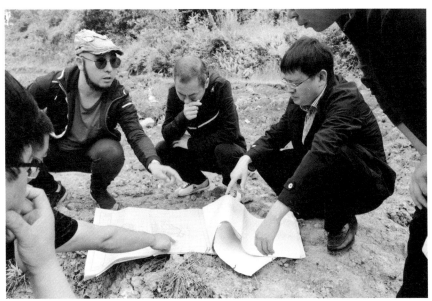

驻场设计师刘艳辉和政府领导现场讨论工作

6.3 村民面对面

1）杨秀林（月坝村五组组长）

徐宁：您在月坝村土生土长，这些年都做了哪些工作？

杨秀林：我在这个地方住了 50 多年了，之前一直在务农，过着日出而作、日落而息的生活。

徐宁：您家中有几个孩子？

杨秀林：我有一个男孩和一个女孩。他们小时候读书条件很艰苦，大人要把孩子送到镇上，晚上再接回来。当然，现在他们在外地，都是大学生，学的是土木工程。

徐宁：您以往的收入多依靠什么呢？

杨秀林：我们靠山吃山，砍木头卖，挖天麻。收入不高，只能保障孩子们的读书。

徐宁：您作为五组组长，参与了月坝村建设的哪些事情呢？

杨秀林：1991 年前后，我被选为村干部，当了组长。当时，修了土路，虽然路烂、泥多，但是交通方便了。2009 年，土路变成水泥路，这里出现了林场。2015 年，领导们开始推行月坝村的建设。后来计划在月坝湿地建设一个拦水坝，村民们的一排房子正好在月坝湿地的下方，会被淹没，所以我们都搬到了湿地上方。老百姓房屋安置点的协调工作都是我去做的。

徐宁：新房的建设是全部由政府出资吗？修好后做什么？

杨秀林：政府补偿 20 万～30 万元的房屋款项，房屋主体是村民自己用补偿款修建的，装修部分的资金由合作社提供。五组一共有 12 户 102 人。4 户做餐饮，7 户做民宿，1 户做茶楼。房屋都是三层，餐饮店的一层用于经营，二层、三层用于居住；茶楼一层、二层做经营，三层用于居住；民宿一层用于居住，二层、三层用于出租。

徐宁：经营餐饮、茶楼、民宿，是村民们自己选择的，还是合作社统一规划的？

杨秀林：是村民们自己选的，但是由于房屋建设投入较大，所以成立了合作社。最开始老百姓也有怨言，但没想到房屋修建得那么好，大家都很高兴。以前我们这里特别穷，男孩子都"嫁"出去了。现在村子建设好了，有三个女孩子嫁进来了。

徐宁：这几年，随着月坝村的变化，您自己和您的家庭有什么变化？

杨秀林：以前生活很困难，一分钱都没有，现在做餐饮，存款有四五十万元。这几年我老婆在合作社上班做副厨师，每个月有 2800 元的工资，我做组长每个月有 500 元的收入，还在外面做其他工作。每年年底合作社有分红，房子租金每年有 1 万多元。五组的村民全部自愿加入合作社，村里人很齐心。

2）税雪枚（住宿管理者）

徐宁：请简单介绍一下自己。

税雪枚：我是在这里长大的。自 2004 年在保定待了十年，做餐饮。2015年为了离家近，回来做美容。2016 年做餐饮，经营悦来客栈，后来客栈归入合作社，成为第一家示范户。2018 年 3 月开始在合作社上班。我们五组基本上每家都有人在合作社工作，其他组也有一部分。村里游客参观、餐饮和住宿都是由合作社统一管理，我负责住宿部分。

徐宁：我知道你去袁家村考察过，你感觉月坝村跟袁家村相比优势在哪里？

税雪枚：袁家村只有一条小吃街，而我们月坝村更全面些，景色更美，有山也有水。住宿方面，袁家村的民宿都是老百姓自己的，月坝村的民宿由合作社统一规划，更便于管理。

徐宁：在外面不同的经历给你带来了什么样的感触？对月坝村的未来有怎样的憧憬？

税雪枚：在外面工作更想念家乡，虽然和自己之前的经营收入相比落差有些大，但是看到月坝村一直在建设发展，心里特别欣慰，我觉得月坝村会变得越来越好。

3）王晓兰（月坝村支部副书记）

徐宁：对于房屋的设计，在改建过程中村民有不同的意见吗？

王晓兰：农道设计团队是比较知名的。在改造前，设计师带村民去看了其他村子的改造，借鉴了人家的优势部分。我们这里有山有水，空气也很好，最重要的是人心很齐。在这个项目上，村民对改建还是比较支持的。

徐宁：我们了解到加入合作社与自己经营相比，村民的收入可能会减少，但是大家为什么还是一致同意加入合作社呢？

王晓兰：从目前看，加入合作社后，收入肯定没有自己经营挣得多，但是老百姓看到了村子整体环境的改变，村子发展起来，基础设施建设起来，从这里看到了希望，觉得三五年之后，会跟滚雪球似的，比自己经营挣得还要多。我们选用村中最优秀的人作为合作社的管家，他们也具有一种奉献精神和职业精神。2016 年以前，回村的村民很少，都在外面打工。现在村子的发展定位使很多村民都从外面回来了，可以照顾老人和孩子，并进入合作社成为其中一员。

徐宁：这么多年来，您都做过什么工作呢？

王晓兰：1987 年我在村子里做了两年的妇女主任，然后出去学了裁缝手艺。后来回到村中并结婚，1992 年再次出去打工。2000 年左右孩子在宝轮镇上初中，我为了照顾孩子，在供电所工作了三年半。地震后回到村子里，想修缮下自己的老房子。2016 年我担任月坝村支部副书记，一直到现在。

徐宁：月坝村项目发展到今天的局面，一个是政府的支持，一个是村干部骨干合力推进，您与老百姓沟通交流的过程中，有没有印象特别深刻的事情？

王晓兰：月坝村有了定位之后，我们这些村干部开始积极推动这件事。我们先去袁家村、雪山村考察，看到那里的情况特别激动。回来之后，区政府也给予了大力支持，一天开三四次会讨论，甚至晚上十二点还在开会。虽然我们这边的百姓很朴实，但是因为圈子太小，有自身的局限性，起初说把房子用作经营时大家都不愿意。我们反复开会研究，将吴书记等四家确定为示范户，让示范户每家出 5 万元，对当时的毛坯房进行改造。因为没有钱，罗家老街民宿经营者刘学兵的妻子不支持他，甚至要离婚，最后这 5 万元是从他姐姐家借来的。在征收土地方面，有些人愿意把土地拿出来，有些人不愿意，我们就带老百姓到村子外面进行考察，再反复地给老百姓开会……看到其他人挣到钱，老百姓就会一点点改变主意。另外，在建设过程中，虽然村子里人手不够，人才也少，但是老百姓都在努力学习。设计师规划好方案后，由设计师做指挥工作，老百姓也在"偷师"，跟着施工队一起施工，承担村子里的一些施工建设任务。

徐宁：现在民宿、餐饮的房屋用地是集体的土地还是村民个人的土地？

王晓兰：是老百姓个人的土地，我们按照国家政策，以十年的租金租用土地。现在开会决议，在今后第三轮和第四轮的土地承包阶段，将土地重新划分给老百姓，让农民有地可种。政府方面也在考虑推行养老保险、让老百姓在合作社工作等措施。

徐宁：这几天看到不断有人到月坝村进行采访、考察，月坝村也逐渐成为利州区甚至广元市的示范项目。您对月坝村的未来发展有什么展望？

王晓兰：月坝村的变化真的是翻天覆地，来参观的人看到月坝村的变化也都很震惊，都想借鉴我们的经验。我想再过几年，等村里"花前月下"独栋别墅完全建设好，月坝湿地建设完成并发展起来，基础设施建设得更加全面，老百姓的生活会更富足，月坝村会像袁家村一样有名气！

村民面对面采访现场

6.4　月坝村，项目落地的三个层次

孙君

月坝村是李兵弟先生力荐的项目，项目名字也很好听——月坝村。广元市利州区委书记刘襄渝十分认可我们的理念，加上我们在四川省内尚没有一个系统性乡村建设案例，故下决心要做好此项目。

项目能否很好地落地取决于三个要素：一是村干部，二是镇干部，三是项目落地的规划设计单位。

乡村能否振兴关键是农民是否乐于参与，乡贤能否回来，孩子能否在村小学读书，年轻人是否愿意回来，四代能否同堂，生态系统能否循环……

项目落地一般分三种形式：假落地、真落地和落地生根。月坝村项目经过3年的努力，让月坝村如同这个美丽的名字进入"生根发芽"的阶段。

1）假落地

项目由政府主导，这是我们一直以来工作的方向。与政府的目标一致，不与农民争利，只求民生，以完成乡村振兴的任务为最高标准。

项目落地是政府头疼的事，也是我们担心的事，更是村镇干部操心的事，项目不能落地也是今天的常态。

什么叫落地？大家理解各有不同。政府说的落地，大多数指的是已开工，建设好了，主要领导来参观，最后搞一个专家论证会就算圆满完成。设计单位讲的落地是规划项目是否通过评审，设计费是否收回。村干部说的落地是指项目能否放到村里，施工能否交给村里，村干部与村集体能否从中获得收益。

2）真落地

落地，目前已成为政府说得最多的词之一，他们也意识到有些规划设计或

孙君："绿十字"发起人、总顾问，画家，中国乡村建设领军人物，提出"把农村建设得更像农村"的理念，乡村建设代表项目包括河南省信阳市郝堂村、湖北省广水市桃源村、四川省雅安市戴维村、湖南省怀化市高椅村等。

许是"墙上挂挂"，更多的情况是从新农村建设到乡村振兴，又到多规合一，做了多少轮规划数也数不清，这些规划都堆成了小山。于是找到"农道"做落地规划设计，月坝村项目是原建设部住建司司长李兵弟推荐了我们，落地成为利州区最高标准。

村干部的落地也随着"三农问题"的深入越来越明确农民要什么：村集体经济、村投、原种原产、垃圾分类、舒适度、让年轻人回来等。仅仅抓生产振兴根本解决不了问题，而且问题会越来越多，这是城市的市场思维。2003 年我在湖北谷城县堰河村做"生态文明村"，定位是"先生活，后生产"，那里至今稳定发展。于是，村庄治理渐渐成为村干部日有所思之事，如何让农民参与、乡村自治成为项目落地的目标。

今天的乡村振兴依然不乏形式主义、官僚主义、面子工程、城市思维等问题，月坝村乡贤吴光成是项目的关键人物。

乡镇干部说的落地，不仅仅是把项目落到自己的区域，还要把项目做出高度，做出示范，让自己在有限的工作岗位上做出不平凡的事业。乡村振兴，大话好说，真的要把事做成，还真是要"过五关斩六将"。乡镇是政府行政级别的基层，任何文件到了乡镇就算是"落地"了，于是各种文件纷纷涌来。在乡镇干部的位置上做出一点成就来，那才是真正的干部。乡书记张玉全让月坝村项目如愿，不负此生。

3）落地生根

什么叫落地生根呢？就像月坝村，随着时间的推移，乡镇与村干部开始思考如何可持续发展，开始从文化、原种、教育、品牌等着手。今天的乡村振兴落地十分不易，全国真正能落地的项目几乎屈指可数。而"落地生根开花"的，就像大海捞针。中国约有 70 万个行政村，近 40 年来乡村建设中年轻人返乡创业，乡贤回来，让原居民耕者有其田，村委会有自己的经济组织的，我们能够数得过来，这其中很多还只是阶段性的试验。如小岗村、大寨村、永腾村、堰河村、郝堂村、樱桃沟村、小堤村、十八洞村、鲁家村、袁家河村，以及正在路上的月坝村。

这些项目的特点就是不忘初心，没有丢下农民，"生根开花"。有的尚在艰难曲折之中，有的势不可挡，有的已成为历史。所谓"生根"有六点共性：

一是村庄以农为主，耕者有其田；二是村两委具有自治能力；三是年轻人回来；四是村集体经济稳定壮大；五是村庄有小学、祠堂；六是外来资本与村集体共生。这些是"生根开花"的标配，也是乡村振兴之本。

根据这些标准，一个好的项目不是看眼前，而是看 9 年之后。9 年之后，这六个标准步入正轨，就落地开花。而要达到这六点要求，项目在规划设计时应具有一定的高度，要符合农业发展规律、农民习惯，传统农业与现代农业融合，以自治为终极目标，项目才能一步一步地走向成功。在这个过程中，村镇两级领导至关重要，尤其是遇到一个好的村干部。

乡村振兴，我们一定要静下心来看村庄，还权于村两委。任何事情都要守住初心，坚守规律，才能走得更远更久。

4）落地之路

月坝村海拔平均为 1000 米，地处高山湿地，全村 5 组 592 人。2015 年由中国城市发展研究院承接，"星空农道"陈晓执行，"绿十字"软件支持。

这是第一次安排中国城市发展研究院乡村振兴与文旅规划设计院独立做乡村振兴项目，之所以这样做，是因为"星空农道"团队在河北阜平花山村有了长达 3 年的磨合，与"绿十字"软件与运营有了长时间的融合。落地一直是陈晓心中的"大事"。大设计院的优点是系统性好，与政府在招投标、预结算、流程接洽上有绝对优势；缺点是过于城市化、标准化。利州区把此项目交给李兵弟先生，也是重托，在选择陈晓做执行团队时，我是慎重而又担心。

从 2013 年郝堂村项目（完结）、2014 年远安项目（失败）到新县"英雄梦·新县梦"，乡村振兴中，系统性的概念越来越重，规划设计从 100% 的比重一降再降，软件与运营的比重越来越大。月坝村项目对"星空农道"来说是一次挑战。70% 的工作量超出中国城市发展研究院原有专业范畴，月坝村项目慢慢地在校正传统乡村规划设计的思路。这条路很难，可是不得不走，因为只有硬件、软件、运营并行，以软件与运营来提升农业的利润与价值，乡村规划设计才叫落地生根。

月坝村项目硬件已接近尾声，近两年中更多的工作是在村投、原种原产、乡宿、资源分类和村集体经济系统建设上下功夫。这些工作由农道其他团队配合进行，使月坝村项目有更长的路要走。

3 年建设，3 年"临床"，3 年自治，这是月坝村项目规划与设计的方向，也是项目落地的必经之路，更是"星空农道"在农道上的征程。

月坝村，如诗如画，悬挂在广元的大地上，照亮天府之国，显得很"巴适"。

附　录

设计团队简介

中国城市发展研究院有限公司（简称"中城院"）是我国政策咨询、城市研究、规划设计和城乡建设领域的综合型研究机构。中城院现有员工近700人，有中国工程院院士2人、高级专业技术人员120人（其中教授级高级科技人员50人），形成了一支专业齐全、实力雄厚的城乡发展和带路投资领域的科技队伍；具有城市规划编制甲级、土地规划乙级、建筑工程设计综合甲级、旅游规划设计乙级等国家级资质；目前业务已覆盖了城市规划研究、设计和咨询的所有专业领域，以及建筑设计、工程咨询、重大项目的预可研、国际产能合作、一带一路建设和PPP项目投资等；承担的业务遍及全国各地，并已涉足国外的规划设计和工程咨询领域。

月坝村项目由中城院乡村振兴与文旅规划设计院（星空农道）承担。分院业务涵盖了旅游策划、规划、建筑、景观、室内和运营管理等全专业领域，在乡村发展、文化旅游区域的规划设计和运营方面积累了丰富的实践经验，在"陪伴式"规划设计方面形成了星空农道自身的专长和服务特点。

设计师简介

陈晓，硕士研究生学历，高级工程师，现任中国城市发展研究院乡村振兴与文旅规划设计院院长、中国城镇化促进会城乡统筹委副秘书长，星空农道创始人。长期致力于规划设计工作，擅长项目落地实施。先后主持过风景名胜区、住宅景观、公园绿地、美丽乡村、特色小镇、田园综合体和村镇规划等项目上百个。

完成项目：

四川省广元市月坝特色小镇；

安徽省亳州市阜阳花卉小镇；

河北省保定市阜平花山、平阳、王快、白石台。

"绿十字"简介

"绿十字"作为一家民间非营利组织，成立于2003年。十多年来，"绿十字"秉承"把农村建设得更像农村""财力有限，民力无限""乡村，未来中国人的奢侈品"的理念，开展了多种模式的新农村建设。

项目案例：

湖北省谷城县五山镇堰河村生态文明村建设"五山模式"；

湖北省广水市武胜关镇桃源村"世外桃源计划——乡村文化复兴"项目；

河南省信阳市平桥区深化农村改革发展综合试验区郝堂村"郝堂茶人家"

项目（郝堂村入选住建部第一批"美丽宜居村庄"第一名）；

河南省信阳市新县"英雄梦·新县梦"规划设计公益行项目；

四川省"5·12"汶川大地震灾后重建项目；

湖南省怀化市会同县高椅乡高椅古村"高椅村的故事"项目（高椅村入选住建部第三批"美丽宜居村庄"）；

河北省阜平县"阜平富民，有续扶贫"项目；

河北省邯郸县河沙镇镇小堤村"美丽小堤·风情古枣"全面软件项目（小堤村项目被评为"2016年中国十大最美乡村"第一名）。

"绿十字"在多年的乡村实践中，非常重视软件建设，包括乡村环境营造（资源分类、处理技术引进、精神环境净化），基层组织建设（党建、村建、家建），绿色生态修复工程（土壤改良、有机农业、水质净化、污水处理），村民能力提升（好农妇培训、女红培训、电商培训、家庭和谐培训），扶贫产业发展（养老互助、产业合作、教育基金、扶贫项目引入），传统文化回归（姓氏、宗祠、民俗、村谱），乡村品牌推广（文创、度假管理），美丽乡村宣传（通信、微信、网站、书刊、论坛、大赛、官媒）等。从2017年起，"绿十字"乡村建设开始运营前置与金融导入，进入全面的"软件运营"时代。

月坝村景点集

① 水吧：喝水、小憩、望景的地方，位于宝轮镇和白朝乡交界处。水吧的标识牌呈开锁钥匙形状，意为从此处开启美丽的月坝村之旅大门。

② 莲花洞：在水吧下 150 米处山崖壁上，有一洞穴，洞内的石钟乳天然玉成，千姿百态，形似莲花，精美绝伦，故称莲花洞、莲花穴，极具观赏、科普等开发价值。

③ 大碑垭：又名漫梁，山脉起伏平缓，视野开阔无阻，站在此处可览尽山脉两边的美景。在大碑垭山道旁矗立着一块古石碑，名为"节孝碑"。碑体为龙骨石刻成，碑高 2.6 米，宽 1.38 米，碑顶呈半圆形，雕刻有栩栩如生的双龙戏珠，一弧形图案与半圆同弧，宝珠居弧中点，过宝珠中点垂线上竖刻有"圣旨旌表节孝"六字，半圆弧上刻有"玉洁冰清"四个篆字。矩形碑体正面左右两边书刻对联一副，上联是"效黄鹤吟冰霜励志"，下联是"承丹凤诏巾帼生光"。通碑均用柳体字刻，共刻 331 个字，其中正文 309 个字。

④ 白朝食用菌产业园：位于白朝乡徐家村，园区规划面积 100 公顷，利州区香菇研究所位于该园区，中国科学院成都分院、四川农业大学等科研院校在此设工作室，会同本土人才进行食用菌种植、产品开发等。2019 年该园区就拥有 37.3 公顷的香菇产业基地和 13 公顷的灵芝基地。设计理念超前，规划科学合理，布局优化集中，是集生产、观光、旅游于一体的现代农业园区示范基地，为有效服务三农、推动产业转型升级、带动周边群众脱贫致富发挥着重要作用。

⑤ 白朝场镇：位于白马街社区，有白朝乡政府、白朝小学、乡卫生院、乡派出所、供电所、银行（农村信用社）、移动公司和邮政代办点，建成村级文化院坝、群众文化娱乐广场和村文化室、土特产超市、农家饭店、农家乐等。2017 年，白朝乡政府对白朝村场镇街道进行统一修缮和风貌改造，并新建脱贫易地搬迁安置点，18 户 74 人搬入白朝场镇。

⑥ 蛮洞沟：又名古穴居遗址，乡驻地往北 500 米处，地段名为"蛮洞沟"。相传明末清初，川南地区百姓为了躲避战乱，四处逃亡到此，在隐秘的石壁上开凿出洞穴，用于居住生活。其中，最大的洞口直径为 1.5 米，洞室 5 平方米，呈炭窑形。蛮洞沟右边石壁共凿有洞穴 4 个，从洞穴沟沿河而下至 1 千米处有个名为石板河的地方，也有两个一样的洞穴。至今，这 6 个洞穴完好无损，距今有 300 多年的历史。

⑦ 珍稀动物潘氏闭壳龟：在白朝乡场镇前的石板河里，生长着一个罕见的物种：潘氏闭壳龟。龟壳金黄，龟板中间有裂痕，但活动自如，头、腿、尾缩回后，

龟壳与龟板紧紧相连，龟板呈"王"字形。潘氏闭壳龟是中国的特有龟类，属爬行纲、龟鳖目、淡水龟科、闭壳龟属，国家二级重点保护野生动物。1984年宋鸣涛先生为纪念陕西动物研究所潘忠国教授，以其姓氏命名为潘氏闭壳龟。

白朝村年平均气温18～36摄氏度，山涧水质清澈，呈弱碱性，又有充足的溶氧量，恰好适合潘氏闭壳龟生长繁衍。因此河流沿线得名有金龟桥、金龟河、金龟塘、金龟坝、金龟滩瀑布。河流两边树木郁郁葱葱，鸟语花香，景色迷人，是休闲、戏水的好去处。

⑧白马广场：又名感恩广场，2017年白朝村脱贫易地搬迁安置18户74人，对原来破烂的公路、水沟、危房等进行了系统整治，既改变了山村形象，又彻底解决了父老乡亲的生活、生产问题。为教育百姓感恩党和国家，白朝乡出资修建了此纪念广场，成为全乡感恩教育的实践基地。

⑨白马观：又名白马寺，坐落在红岩山山脚下的瓦厂包上，是善男信女们上庙祈福的好去处，也是追寻道教文化、游览古迹的胜地。2018年，因建设规划，由白马广场迁址于此。

⑩利州红栗园：利州红栗作为利州区的特色农产品，已经有上百年的种植历史，是国家地理标志保护产品。白朝乡森林覆盖率达90%以上，据统计，全乡拥有利州红栗2000余公顷，其中又数马家村、新华村境内的红栗相对集中，面积达20公顷，数量6000余株。园区位于森林坡地，四周绿树成荫，集森林景观、地貌景观和人文景观于一体。白朝的红栗果形整齐，呈椭圆形，果壳红褐色，色泽明亮，茸毛稀少，果肉糯性强，香甜可口；单颗颗粒重，含有丰富的淀粉、蛋白质、总糖，脂肪含量低，营养价值高。

⑪新华村明清古院落：又名欧阳临古院落、欧家大院。位于白朝乡新华村境内，建于晚清，它依山傍水、坐南向北，气势恢宏，前后两院有瓦房28间，面积达400多平方米，是典型的川西北四合院。院坝长宽各8米，青石板铺就，横竖成线，尤以"成均首选""凤阁先声"两块晚清牌匾最为瞩目。堂屋木门上有镶花窗格，左右裙板上刻有花鸟草木。堂屋上方是神龛位，供有"天地君亲师位"，左右各有对联。大院周围斑竹、松柏环绕，两株铁甲松高大挺拔，还有一株千年白果树。广元历史名人清道光年间四川布政使布经厅正六品官员欧阳临就出生在此。

相传公元1784年7月27日辰时，欧阳临就生在此院内。欧阳临的先祖是由湖北大冶迁至四川保宁府昭化县白朝乡的，至今已有5000余众，主要分布在旺苍、苍溪、青川、朝天及利州区宝轮、三堆一带。欧阳临，其父是白朝乡一带的首富。欧家大院6米开外，有一株高约30米、树冠直径20米的银杏树，需要 3 个成年人才能合围。它枝繁叶茂，华盖如云。年幼的欧阳临每天早起时便在银杏树下看书习字，背诵诗文，晚上点上桐油灯，勤学苦读。他天资聪慧，5 岁起便入乡塾，熟读《三字经》《千字文》《四书》《尔雅》，且过目不忘、出口成章，很快便在乡邻四野崭露头角，并惊动了保宁府（今阆中市）。欧阳临 18 岁那年，由父母做主，娶当地名门闺秀任氏为妻，先后生了 3 个儿子，分别取名欧昌义、欧昌德、欧昌智。

公元 1829 年，45 岁的欧阳临几经科考，荣获保宁府昭化县儒学士，升三级为国学，被擢用为四川保宁府昭化县儒学正堂（相当于今天的校长）。欧阳临学识渊博，治学有方，业绩突出。欧阳临何时入朝为官，现已无从考证，在他为官期间，他以明代戏曲家、文学家汤显祖的"四香"为训，即"不乱财，手香；不淫色，体香；不诳讼，口香；不嫉害，心香"，足见他律己之严格、品德之高尚。清道光二十七年（1847 年），63 岁的欧阳临被朝廷特授官四川布政使司布经厅，官至正六品。

欧阳临出仕后，其父为了光宗耀祖，耗资白银数千两，大兴土木，修建了欧家大院。请来风水先生，选在与铁关垭相连的丛山曲半山腰的大屋基建房，大院左是双台寺，右是转包梁，谓之青龙白虎拱卫。前院的正堂左侧两扇子木门上方，悬挂着一块长 6 尺、宽 3 尺的牌匾，正文为"成均首选"；上款题文"四川保宁府昭化县儒学正堂加三级纪录五次杜为"；下款题文"国学欧阳临立、道光贰拾柒年岁在丁未季秋月中浣、穀旦"。正堂对面的门楣上，另有一块与之大小相等的牌匾。正文为"凤阁先声"；上款题文"特授四川布政使司布经厅梁为俸，藩宪陈准咨"；下款题文"大京元欧阳临荣陞，道光贰拾柒年仲冬月吉旦"。

⑫ 麻柳古长廊：既是堤又是廊，长廊两边麻柳成荫，有百年麻柳古树 1000 余棵，最高树龄达 500 余年。麻柳树沿溪流方向顺势对称排列，长达数十千米，古麻柳树形态万千，风姿各异，翠碧连云，郁郁葱葱，四季常绿。它们个个都是老干虬枝，旁逸斜出，气势飞扬，接风而舞，形如苍烟，与溪水青流相互映衬，形成一条绿荫覆盖的"翡翠长廊"，故得名麻柳古长廊。轻身漫步于此，听泉水叮咚作响、知了吱吱欢叫，享绿荫清凉，静心灵浮躁，世间的喧嚣在这里消散。

⑬ 罗家老街：位于月坝村一组境内，共有村民 48 户，老街集游客中心、乡村振兴学院、农夫集市、党群服务中心于一体，主要景点包括月光泉广场、麻柳古长廊和月坝村史馆等。

罗家老街是一个极具特色的古村落，老街保留了很多历史印迹，如农村古老的生产、生活用具,有些用具至今仍在使用,而有的却已经退出历史舞台,只供人们观赏。看着这些有历史年代感的东西,我们仿佛穿越时空,置身于老街千年繁华与兴盛中。在我国城镇化越来越普及的当下,这里保留了一份古色古香的文化,静谧、祥和,没有汽车鸣笛,也没有人头攒动,为游客提供了一处安静淡泊之所。

⑭ 三岔河:即月坝村、分水村、新房村三村分叉路口,乃交通要道,地理位置特殊。每当洪水季节,山洪汹涌、气势震人,人们难以过河,常常望河驻足兴叹。此路口有一楠木树,道路狭窄,山高坡陡,素有隘口之称。

⑮ 锁月关:此处古道崎岖狭窄,两旁山高坡陡,自然形成一道关口,颇有"一夫当关,万夫莫开"的气势,是人们进出的山门,也是动物上下山的必经路口,古人把此处作为狩猎要地,素有若想见皓月当空之美景必过此关的说法,故称锁月关。

此处地理环境特殊,常年易起雾,因此形成一个天然雾气屏障,把山上山下隔离成两部分,过关即入云雾中,关下看不见关上的风景,等日出云开之时,关上的美景才会逐渐清晰,故又称"锁景关"。

⑯ 香子岩:香子是当地乡民对林麝的称呼。此地海拔较高,山峻石峭,植被茂盛,非常适合野生动物栖息,有黑熊、林麝、麂子、穿山甲、刺猪等数十种动物。古时人们在此狩猎,经常看见林麝在悬崖峭石上灵敏跳跃的矫健身影,并以猎取林麝为荣,久而久之,得名香子岩。

⑰ 十道拐十八道弯:一路追月上月坝村,必须有征服十道拐十八道弯的勇气,方能一睹高山近月之尊容,遇见月湖相映的美景。十道拐十八道弯,道道彰显白朝人劈山开路的血性和勇气,弯弯印证干群一家亲的万丈豪情。

⑱ 正月十五民宿:原湿地内 12 户村民集中安置点。整个大院建在两山相接间隙的空地上,地形有坐怀"椅子弯"形象之说,每逢农历十五,月在山间升落,是追风赏月、静心养神的绝佳之地。院内民居高低错落、青瓦白墙、坡屋顶、穿梁斗拱的建筑结构,颇具川北民居特色。月光广场、月光喷泉上下分布,可容纳千人篝火晚会。这里是月坝村"一品九碗"(即九大碗加一品碗)土席的诞生地。在当地方言里"品碗"是"大碗"的意思。"一品九碗"是:丁角子两碗,酥肉两碗(一碗酥瘦肉,一碗酥骨头),甜米(即八宝饭)一碗,渣肉(即粉蒸肉)一碗,咸烧白一碗,水片一碗,杂烩一碗,刀尖圆子一品碗。每道菜又有独特的吃法,比如酥肉,一碗必须是八块,一桌坐八人,一人一块酥肉,不可多夹,也不可不吃。这里有淳厚的乡村民俗、丰富的山珍农货、温暖的风土人情,是游客归隐乡野、置身田园的静修胜地。闲居客栈,你定能畅

享"采菊东篱下，悠然见南山"的月乡闲情雅致。

⑲ 黄蛟山：被誉为"月坝村竹海"，是游客运动、健身的好去处。传说月坝村湖中的一条恶龙不甘湖底的寂寞，每到月圆之夜，便会飞出湖底来人间作恶，罪行累累。天上的二郎神听说此事，便待恶龙再次出水之际将其制服，压在山下以示惩戒。每年都会有一对夫妻到月坝村湖祭拜月神祈福爱情，见压在山下的蛟龙，心生怜悯，祈求二郎神宽恕其罪行。二郎神见蛟龙邪性已除，便将其放出。蛟龙为了感谢这对夫妻的救命之恩，便留在此处为二人祈福，最后黄蛟龙幻化成月坝村最高峰的一块巨石。经历了千百年的沧桑，依然可见这块巨石上的龙鳞。村民便把黄蛟龙看作村里的爱情守护神，把月坝村的最高峰命名为黄蛟山。

⑳ 近月湖：又名镜月湖、静月湖。地处利州海拔最高处，当地村民常言每当皓月当空之时，月亮有簸箕大，所以此地又被称为离月亮最近的地方，故而得名"近月湖"。李白诗"月下飞天镜，云生结海楼"的景象在此也得到完美的印证。冬季月坝湿地水面结冰形成一块晶莹剔透的冰面，形似天上掉下的一面玉镜，水天相接，一轮明月，一面明镜，交相辉映。加上此地一年四季朝云晚雾，形似海楼，故得名"镜月湖"。此地远离城市喧嚣，一方净土，静养心灵，可以听见人心脏的跳动之声。"月映湖水静，月明湖影中"，有翘首可得月之意境，故有"静月湖"之美意。

㉑ 月坝富民专业合作社：为白朝乡月坝村全体村民参与组建的一个经济组织，也是月坝村的一个新型经营主体，其主要职责是整合各种资源，激发各种要素，高质量开展月坝村的建设和发展工作，力争让月坝村没有一点资源被浪费，没有一个人不尽其才。在月坝村基础设施建设方面，采取"合作社＋农户＋企业"的模式，整合各类资金，全面完成了月坝村路、水、电、通信、广电、湿地修复、河堤加固、土地整理等建设，总投资达3.5亿元。在特色产业发展方面，合作社采取"请进来、走出去"等多种形式，引进并培养了一批抓产业发展的能人和管家，解决了人才的问题。在经营模式方面，合作社确定了围绕生态康养产业这个主导产业努力实现三产融合的思路，抓产业发展，努力实现社员的财产、工资（务工）和利润分红等收入。

致 谢

特别鸣谢单位：

中共广元市利州区委、利州区人民政府

中共广元市利州区白朝乡委员会、白朝乡人民政府

广元市利州区利元国有投资有限公司

广元市利州区白朝乡月坝村党支部、月坝村村民委员会

广元市月坝富民专业合作社

中国城镇化促进会城乡统筹发展专业委员会

北京市延庆区绿十字生态文化传播中心

农道联众（北京）城乡规划设计研究院有限公司李德安匠人团队

跋

习近平总书记指出"绿水青山就是金山银山"。这生动形象地阐明了经济发展与生态保护之间的辩证关系。利州区具有良好的生态绿色本底，如何找准"绿水青山"向"金山银山"转化的现实路径，在护美"绿水青山"中做大"金山银山"，我们一直在努力。尤其是作为秦巴山集中连片贫困地区的片区之一，如何有效增强内生动力、推动贫困地区自我发展，是2013年吹响脱贫攻坚决战决胜冲锋号以来，我始终思考和探索的课题。

2015年9月7日，我参加了在成都举办的四川省贫困地区县（市、区）委书记学习贯彻省委十届六次全会精神研讨班。有幸结识了主讲新村规划建设的住房和城乡建设部村镇建设司原司长李兵弟同志，对他和他的团队实施的河南省信阳市郝堂村、河北省阜平县城南庄镇美丽乡村建设理念印象深刻。随即邀请李司长和孙君先生于同年10月16日来区就"城乡统筹发展路径与实践"课题向全区干部作专题讲座。因缘际会，通过区委理论学习中心组会议前后的几次考察，孙君先生初识"离月亮最近的地方"，所提出的一些设想和思路，与我们开展得如火如荼的脱贫攻坚与美丽乡村建设工作不谋而合，也与我们一直试图探索的增强利州区内贫困程度最深、贫困面最大的白朝乡发展动力的着力点不谋而合，进而达成了合作建设月坝旅游新村的初步共识。而孙君先生公开讲的"九条法则"也着实给我出了一道难题。

在向时任市委书记马华同志和时任市长王菲同志汇报此事时，马书记笑了笑，说："好了，我知道你的意思了，我们不得来'指手画脚'。"同时，两位领导也从城市规划建设的一些失败案例中分析了"九条法则"在某些方面的合理性，并鼓励我们看准就干，不要有太多的顾虑。2018年五一假期，我接到已回绵阳担任市人大常委会主任的马华书记的电话，说他到月坝村看了，建设得不错，展现了他心目中理想的川北民居形态。当然，此为后话。

干一件事情不容易，干成一件事情更不容易。月坝村成功了，但成功背后也付出了很多心血。确定要干，且要干成、干好，还有两个至关重要的问题：一是决策过程的合规合法，二是无论如何都要让老百姓有感受、真收益。2016年初春，我在中央党校参加第六期县委书记培训班的学习，在探讨县委书记的权力与责任、担当与风险时，中央党校教授的一席话让我记忆犹新。他讲到，在县域范围内县委书记想干的事，一般而言还鲜有干不成的，但关键是要弄清楚为什么干、为谁干的问题。这直观阐释了"一线总指挥"为谁掌权、为谁导航的大问题。我自信，启动建设月坝旅游新村，是为了把白朝乡的美丽生态转化为美丽经济、增强贫困群众增收致富的内生动力而出发；是为了充分发挥月坝村离城市距离近、交通便捷的区位优势，更好地满足人们对良好自然生态等美好生活的向往，促进城乡融合发展而努力。这已经被白朝乡人民幸福的笑脸、周边群众无限的向往和社会各界的如潮好评所证明，无需多言。

在月坝旅游新村四年的建设中，我们始终坚持把做强国有资本、做大集体经济、造福人民群众有机结合，实现了国有资本的保值增值、"利元国投公司"的发展壮大、月坝富民专业合作社的稳步发展和人民群众的增收致富，探索出的"国有企业＋集体经济＋农户个人"的"三方利益联结"机制，全面体现了社会主义制度与市场经济的有机结合，正是我国社会主义基本经济制度在实施乡村振兴战略、促进城乡融合发展方面的生动诠释，必将随着精品民宿、生态康养等"美丽经济"的蓬勃发展，展示出无限的生机与活力。

月坝旅游新村是利州区实施乡村振兴战略的一个鲜明缩影。随着新村的建成和美名的远扬，我也即将结束利州区委书记的任职，转到巴中市工作。在这即将告别的时刻，愿月坝村的明天更美好，利州区的发展再上一个新的台阶。

是为跋。

广元市利州区委书记　刘襄渝

2019 年 12 月